Leitfaden des Hufbeschlages

Von

C. Görte

Generalveterinär a. D.

Sechste
vermehrte und verbesserte Auflage
15.—20. Tausend

Mit 87 Textabbildungen

Berlin
Verlag von August Hirschwald
1922

Softcover reprint of the hardcover 6th edition 1922

ISBN-13: 978-3-642-47179-7 e-ISBN-13: 978-3-642-47500-9
DOI: 10.1007/978-3-642-47500-9

Vorwort zur ersten Auflage.

Durch Verfügung des Kriegsministeriums werden den Schmieden der berittenen Truppen, die den Hufbeschlag der Dienstpferde längere Zeit zur vollen Zufriedenheit ausgeführt und an dem Unterricht über Hufbeschlag teilgenommen haben, nach vorhergegangener Prüfung Zeugnisse erteilt, die zum Betriebe der Hufbeschlaggewerbes berechtigen.

Die von den Regimentern erteilten Zeugnisse sind gleichberechtigt den auf den Lehrschmieden erworbenen.

Die Anforderungen bei den Prüfungen müssen ziemlich die gleichen sein, da sonst der Zweck, für die Kriegsbrauchbarkeit der Pferdebestände des Landes sowie für die Hebung des Hufbeschlags zu sorgen, nicht erfüllt wird.

Jahrelang habe ich den Schmieden Unterricht erteilt als Veterinär in der Truppe, sowie als Assistent und technischer Vorstand einer Lehrschmiede.

In den Lehrschmieden werden die Schüler eingehend in allen Fächern theoretisch und praktisch ausgebildet und beschäftigen sich während eines halben Jahres nur mit Hufbeschlag.

Bei der Truppe sind aber durch die so vielseitige Ausbildung des Soldaten für seine Waffe nur in den Herbst- und Wintermonaten wöchentlich 1—2 Stunden für den Schmiedeunterricht zu erübrigen.

In der Zwischenzeit von 8 zu 8 Tagen hat der Schmied auch bei großem Eifer das Vorgetragene meist wieder vergessen, es fehlt ihm ein kurzer Leitfaden, aus welchem das Vorgetragene nachgelesen werden kann.

Diesem Bedürfnis soll der von mir verfaßte Leitfaden abhelfen.

Die vorzüglichen Lehrbücher des Hufbeschlages von Prof. Kösters und Prof. Dr. Lungwitz boten mir ein reiches Material.

Die Zahl der Abbildungen ist auf das möglichste beschränkt worden, da bei der Truppe genügend Lehrmittel vorhanden sind, die von den Veterinären zum Anschauungsunterricht benutzt werden können.

Herrn Stabsveterinär Brilling spreche ich an dieser Stelle meinen verbindlichsten Dank aus für die Zeichnungen.

Mit dem Wunsche, daß der Leitfaden den Veterinären den Unterricht an die Schmiede der Truppen erleichtere und die Schmiede noch größere Erfolge und Leistungen bei der Ablegung der Schmiedeprüfung erzielen mögen, sei derselbe der Öffentlichkeit übergeben.

Braunschweig, März 1911.

Vorwort zur fünften Auflage.

Die Kriegsjahre haben auch für den Hufbeschlag neue Erfahrungen gebracht.

Daß die allgemeinen Grundsätze, nach denen in langer Friedenszeit der Beschlag ausgeführt wurde, richtig sind, beweisen die großen Anstrengungen, die das ganze Pferdematerial ausgehalten hat.

Die Zahl der huflahmen Pferde ist bei der bedeutenden Mehrleistung auf den oft recht schlechten Wegen nicht gestiegen.

Der Inhalt des Buches ist eingehend neu durchgearbeitet worden.

In dem Abschnitt „Bau des Hufes“ sind neue Bezeichnungen gebraucht worden, die den Teilen der Körperhaut entsprechen. Um den Schülern das Verständnis für diese neuen Bezeichnungen zu erleichtern, sind die bis jetzt gebrauchten Benennungen in Klammern hinzugesetzt.

Mit Rücksicht darauf, daß dieser Leitfaden zum Unterricht für die Schmiede bestimmt ist, sind zum leichteren Erlernen die von den Hornteilen eingeschlossenen Knochen im Zusammenhang mit den Hautteilen des Hufes beschrieben.

Der neue Beschlag nach Dr. Stark sowie besonders der neue Rehehufbeschlag ist eingehend besprochen.

Die Zahl der Abbildungen wurde vermehrt.

Daß auch in den Kriegsjahren die besonders große vierte Auflage vergriffen ist, beweist, daß der Leitfaden sich bei der Truppe gut eingeführt hat.

Berlin, Januar 1918.

Vorwort zur sechsten Auflage.

Trotz der Verminderung des Heeres und Aufhebung der allgemeinen Wehrpflicht, die jährlich eine große Anzahl von Schmieden den Truppen zuführte, ist dennoch die Nachfrage nach dem Leitfaden eine große gewesen. Es ist dies ein Beweis, daß das Buch auch von Hufbeschlagschulen vielfach benutzt wird und daß das Schmiedehandwerk, wie stets in früheren Zeiten, auch gerade jetzt in der schweren Wirtschaftslage bestrebt ist, an seiner Weiterbildung tüchtig zu arbeiten.

Die einzelnen Abschnitte sind durchgearbeitet und alle Neuerungen berücksichtigt worden. Das Kapitel Beschlag der Maultiere und Ochsen ist erweitert.

Mehrere Abbildungen sind verbessert und neue hinzugefügt worden, darunter ein Querschnitt von einem Rehehufe nach Stark beschlagen.

Herrn Oberstabsveterinär a. D. Brilling spreche ich für die Anfertigung der neuen Zeichnungen meinen verbindlichsten Dank aus.

Berlin, März 1922.

Der Verfasser.

Inhaltsverzeichnis.

Dritter Abschnitt.

Vierter Abschnitt.

Fünfter Abschnitt.

Sechster Abschnitt.

Einleitung.

Das edelste und nützlichste Haustier ist das Pferd. Sein Wert hängt zum großen Teil von der Beschaffenheit der Gliedmaßen und der Hufe ab.

„Ohne Huf kein Pferd“, sagt mit Recht ein altes englisches Sprichwort.

Auf der Steppe und Weide, sowie bei der Arbeit auf weichem Boden, ist die Abnutzung des Hufes so gering und wächst stets soviel Horn nach, daß es künstlichen Hufschutzes meist nicht bedarf.

Beim Arbeiten auf hartem Boden aber nutzt sich der Huf schneller ab, als das Horn nachwächst. Sollen die Pferde gebrauchsfähig bleiben, so müssen sie beschlagen werden.

Unter Hufbeschlag versteht man die Kunst, den Huf entsprechend der Schenkelstellung, der Fußung und der Hufform zu beschneiden, durch ein Eisen vor zu starker Abnutzung zu schützen und denselben in seinen natürlichen Verhältnissen und der gesunden Form möglichst zu erhalten.

Der Hufbeschlag kann nachteilig auf den Huf einwirken. Eine große Zahl von Huflahmheiten ist auf schlecht ausgeführten Beschlag zurückzuführen, während durch einen **zweckmäßigen Beschlag** Hufe und Gliedmaßen **gesund** erhalten und lahme Pferde brauchbar gemacht werden können.

Schon seit langer Zeit hat die Regierung hohen Wert auf die gute Ausbildung der Hufschmiede gelegt.

Im Jahre 1884 wurde durch ein besonderes Gesetz — das Schmiede-Prüfungsgesetz — der Hufbeschlag zu heben gesucht, und im Jahre 1904 erschien eine neue Prüfungsordnung für Hufschmiede und der Entwurf eines Musterstatuts für Lehrschmieden.

An Militär- und Zivillehrschmieden genießen die jungen Schmiede eine besondere Fachausbildung. Den Schmieden der Truppen ist ebenfalls Gelegenheit gegeben, sich im Hufbeschlag auszubilden und ein Prüfungszeugnis zu erwerben.

Mögen alle Schmiede die günstige Gelegenheit, für ihren Beruf etwas zu lernen und sich darin zu vervollkommnen, reichlich und gern benutzen.

A. Wissenschaftlicher Teil.

Erster Abschnitt.

1. Der Bau des Pferdekörpers.

Man unterscheidet:

a) Warmblütige, edle Pferde.

Die Knochen sind dünn und fein, die Hufe hoch, glänzend und von feinem Bau.

b) Kaltblütige, schwere Pferde.

Die Knochen sind dick und schwammig, die Hufe niedrig, breit und von grobfaserigem Bau.

Die Grundlage des Körpers ist das Knochengerüst.

Man teilt die Knochen ein in

a) die Knochen des Kopfes,
b) die Knochen des Rumpfes,
c) die Knochen der Gliedmaßen.

Die Bezeichnung und Lage der Knochen des Kopfes, des Rumpfes und der Gliedmaßen sind aus der Zeichnung 1 „das Knochengerüst" ersichtlich.

Für den Schmied sind die Knochen der Gliedmaßen am wichtigsten.

Man teilt dieselben ein in

a) Die Knochen der Vordergliedmaßen.

Zu denselben gehören das Schulterblatt (*7*), das Armbein (*9*), der Vorarm (*12*), bestehend aus Speiche und Ellenbogenbein, das Vorderfußwurzelgelenk (*13*), der Mittelfuß (*14*) mit den beiden Griffelbeinen (*25, 26*), das Fesselbein (*15*), das Kronbein (*16*), das Hufbein (*17*) und das Strahlbein (*31*).

Schulterblatt und Armbein bilden das Schulter- oder Buggelenk (*8*), Armbein und Vorarm das Ellenbogengelenk (*11*) Das Vorderfußwurzelgelenk besteht aus 7 Knochen, die in zwei Reihen übereinander liegen. Mit der oberen Reihe dieses Ge-

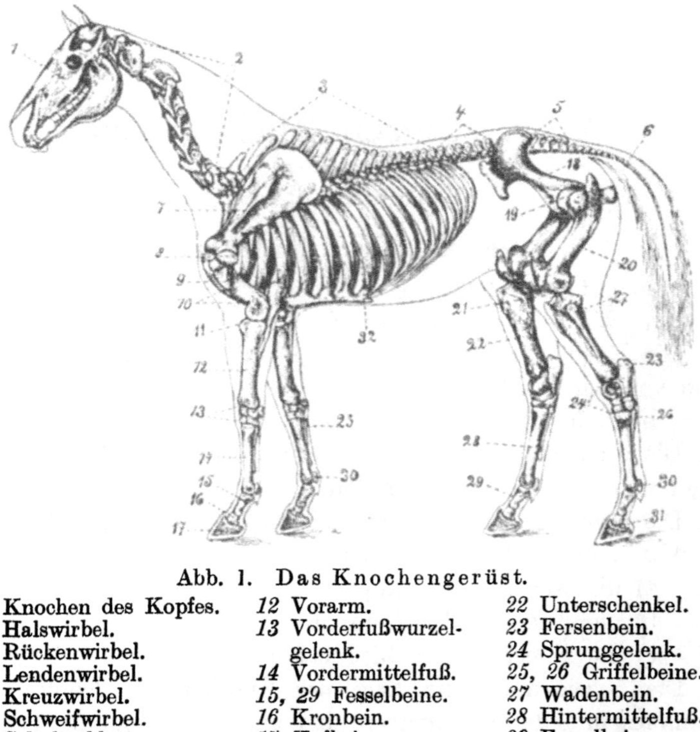

Abb. 1. Das Knochengerüst.

1 Knochen des Kopfes.
2 Halswirbel.
3 Rückenwirbel.
4 Lendenwirbel.
5 Kreuzwirbel.
6 Schweifwirbel.
7 Schulterblatt.
8 Buggelenk.
9 Armbein.
10 Brustbein.
11 Ellenbogengelenk.
12 Vorarm.
13 Vorderfußwurzelgelenk.
14 Vordermittelfuß.
15, *29* Fesselbeine.
16 Kronbein.
17 Hufbein.
18 Becken.
19 Hüftgelenk.
20 Oberschenkel.
21 Kniegelenk.
22 Unterschenkel.
23 Fersenbein.
24 Sprunggelenk.
25, *26* Griffelbeine.
27 Wadenbein.
28 Hintermittelfuß.
29 Fesselbein.
30 Gleichbeine.
31 Strahlbein.
32 Rippen.

lenkes verbindet sich das untere Ende des Vorarms, mit der unteren Reihe das obere Ende des Mittelfußes. An der hinteren Fläche des Mittelfußes liegen die beiden Griffelbeine. Mittelfuß und Fesselbein bilden das Fesselgelenk, an der hinteren Fläche desselben liegen die beiden Gleichbeine (*30*), Fessel-

und Kronbein bilden das Krongelenk, Kronen-, Strahl- und Hufbein das Hufgelenk.

b) Die Knochen der Hintergliedmaßen.

Dieselben sind mit den Knochen des Beckens (*18*) (Darm-, Scham- und Sitzbein) unmittelbar im Hüftgelenk verbunden.

Zu den Knochen der Hintergliedmaßen gehören der Oberschenkel (*20*), der Unterschenkel (*22*), das Sprunggelenk (*24*), der Mittelfuß (*28*). Die übrigen Knochen sind denen der Vordergliedmaßen gleich. Der Oberschenkel verbindet sich gelenkig mit dem Becken im Hüftgelenk (*19*), Oberschenkel und Unterschenkel verbinden sich im Kniegelenk (*21*), vorn liegt die Kniescheibe. Das Sprunggelenk besteht aus sechs kleinen Knochen, die wichtigsten sind das Roll- und das Fersenbein (*23*).

Die unteren Gelenke sind ebenso wie die an den Vordergliedmaßen.

Sämtliche Knochen, mit Ausnahme des Hufbeins, sind mit einer dünnen Haut, der Beinhaut, überzogen. Dieselbe dient zur Ernährung und zum Schutze des Knochens. Die Knochen der Gliedmaßen sind beweglich miteinander durch Gelenke verbunden. Die Knochen sind hart und fest.

Die Knorpel sind weich und elastisch und sehen bläulich weiß aus.

An die Knochen heften sich die Muskeln an; dieselben sehen rot aus und werden „Fleisch“ genannt. Diejenigen Muskeln, welche auf weite Entfernungen wirken, wie die Muskeln der Gliedmaßen, enden in Sehnen. Letztere sind gelb aussehende, elastische Stränge, die oft in Sehnenscheiden eingehüllt über Rollen fortlaufen (Gleichbeine am Fesselgelenk, Strahlbein am Hufgelenk).

An der Gliedmaße unterscheidet man zwei wichtige Muskelgruppen: die Beuger und die Strecker. Beide enden in langen Sehnen an den unteren Knochen der Gliedmaße. An der hinteren Fläche des Mittelfußes liegen die Beugesehnen, Fesselbein-, Hufbein-, Kronenbeinbeuger (Abb. 2).

An der vorderen Fläche des Mittelfußes liegt die Strecksehne, der gemeinschaftliche Zehenstrecker. Den Antrieb zur

Tätigkeit erhält der Muskel durch den Willen des Pferdes. Der Wille wird durch den Nerv vom Gehirn übertragen.

Die Nerven sind weiße Stränge, die sich vom Gehirn bzw. Rückenmark aus durch den ganzen Körper und somit auch in den Huf sehr zahlreich verzweigen. Sie dienen nicht nur zur Vermittlung der Bewegung, sondern bringen den Tieren auch den Schmerz zum Bewußtsein.

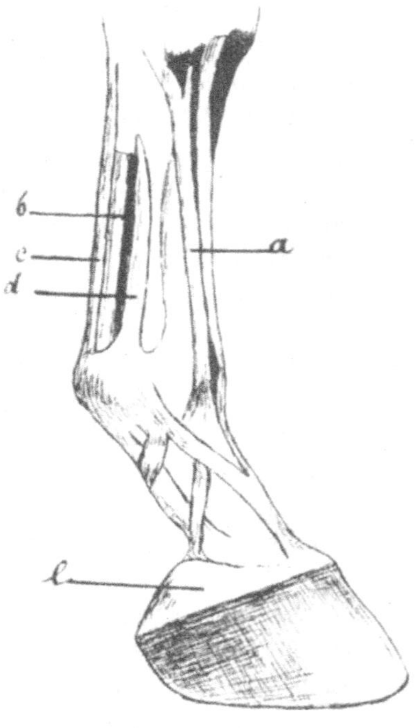

Abb. 2.
Der Sehnenapparat des Fußes.
a Zehenstrecker, *b* Hufbein-, *c* Kronbein-, *d* Fesselbeinbeuger. *e* Hufbeinknorpel.

Damit die einzelnen Teile des Körpers, also auch der Huf, lebensfähig bleiben und wachsen können, gebrauchen dieselben eine Ernährungsflüssigkeit: das Blut. Dieses wird durch das Herz in Bewegung gesetzt.

Das Blut befindet sich in einem geschlossenen Kanalsystem, den Blutgefäßen, Arterien (Schlagadern) und Venen (Blutadern) genannt. Die Arterien führen hellrotes Blut, das den Huf ernähren soll; die Venen entführen ihm dunkelrotes Blut, welches die verbrauchten Stoffe enthält.

In den Lungen wird das dunkelrote Blut durch Berührung mit der Luft gereinigt und verläßt als hellrotes Blut wieder die Lungen.

Der Pferdekörper ist von der äußeren Haut überzogen. Sie bildet das Haar und wird Haarhaut genannt. Man teilt sie ein in:

1. Oberhaut,
2. Lederhaut,
3. Unterhaut.

Die **Oberhaut** besteht aus vielen kleinen Zellen, die neben und übereinander liegen. Die tiefer liegenden Zellen nennt man Keimschicht, die mehr oberflächlich liegenden, die Hornschicht, weil die einzelnen Zellen schon verhornt sind. Sie stoßen sich als Schuppen ab.

Die **Lederhaut** ist die stärkste Schicht und enthält viele feste und elastische Fasern. In ihr liegen Schweiß-Talgdrüsen und die Haarzwiebeln, in denen die Haare gebildet werden.

Die **Unterhaut** ist ein lockeres Gewebe und verbindet die Lederhaut mit den darunterliegenden Teilen.

2. Der Bau des Hufes.

Das Zehenende des Pferdes ist ebenfalls von der äußeren Haut überzogen, die hier **Hufhaut** genannt wird und **Horn** erzeugt, es fehlen Haare und Hautdrüsen. Genau wie bei der äußeren Haut unterscheidet man:

1. Oberhaut (Hornteile),
2. Lederhaut (Fleischteile),
3. Unterhaut wenig entwickelt.

Vielfach werden Huf- und Ballenpolster hierzu gerechnet.

Die **Hufoberhaut** ist durch massige Verhornung der Zellen sehr stark verdickt und bildet **in ihrer Gesamtheit die Hornteile des Hufes.**

Die **Huflederhaut** (Fleischteile) ist infolge der stark verdickten und lebhaft wachsenden Hufoberhaut sehr blutreich, sieht daher rot aus und ist mit vielen kleinen Zotten besetzt.

Nur an der Wandlederhaut befinden sich anstatt der Zotten parallel stehende Längsleisten, sog. Blättchen.

Die Hornteile des Hufes werden nicht von den entsprechenden Abschnitten der Lederhaut gebildet, sondern stammen von der Hufoberhaut her und werden nur auf der Lederhaut erzeugt durch Verhornung der Zellen.

Huf-, Kron- und Fesselbein bezeichnet man auch als die **Zehe.** Mit dem Mittelfuß bilden diese drei Knochen einen Winkel, dessen Größe je nach der Stellung zwischen 130 und 140 Grad schwankt.

Der unterste Teil der Gliedmaße wird Huf genannt.

Zum Huf gehören von innen nach außen gerechnet:

1. die Knochenteile,
2. die Lederhautteile (Fleischteile),
3. die Oberhautteile (Hornteile),
4. die elastischen Teile (Hufpolster und Hufknorpel),
5. die sich im Huf verzweigenden Blutgefäße und Nerven.

Abb. 3. Vorderhufbein von der Seite gesehen.

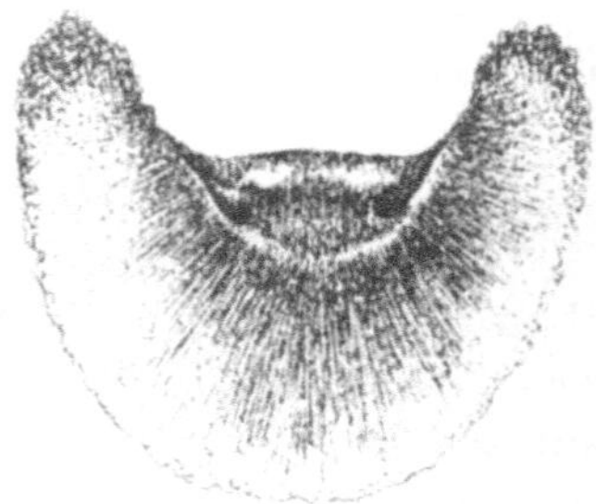

Abb. 4. Vorderhufbein von unten gesehen.

1. Die Knochenteile. Zu den Knochenteilen gehören:

a) das Hufbein,
b) das Kronbein,
c) das Strahlbein.

a) Das Hufbein. Das Hufbein hat drei Flächen. Die Wandfläche ist rauh, verläuft schräg und nimmt an Höhe von vorn nach hinten ab. Unten stößt die Wandfläche in einem scharfen Rande mit der Sohlenfläche zusammen.

Die Sohlenfläche ist gewölbt. Sie zerfällt in einen größeren, glatten, vorderen Teil und in einen kleineren, rauhen, hinteren Teil. An letzteren heftet sich die Hufeinbeugesehne an.

Die Gelenkfläche ist glatt und flach ausgehöhlt, sie verbindet die Wand- und Sohlenfläche (Abb. 3 und 4).

Das Hufbein hat drei Fortsätze: die Hufbeinkappe und die beiden Hufbeinäste. Die Hufbeinkappe überragt vorn die Gelenkfläche; hier heftet sich der Zehenstrecker an.

Die Hufbeinäste sind Fortsätze des Hufbeins nach hinten; an dieselben heften sich die Hufknorpel an.

Die Hufbeine sind verschieden nach der Hufform und den Stellungen. Das Hufbein des engen Hufes ist höher, weniger breit und von festerem Bau; das des weiten Hufes niedriger, breiter und von mehr schwammigem Bau als das des regelmäßigen Hufes. Das Hufbein des stumpfen Hufes hat einen größeren, das des spitzen Hufes einen kleineren Zehenwinkel als das des regelmäßigen Hufes.

Ebenso unterscheiden sich Vorder- und Hinterhufbein.

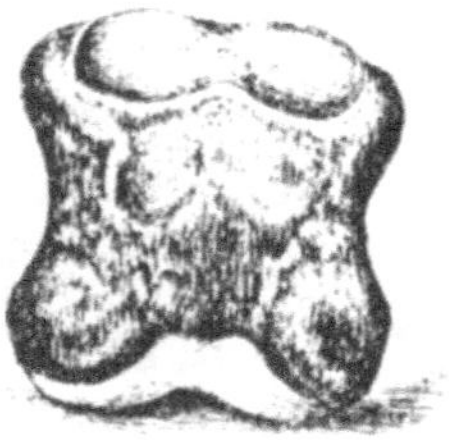

Abb. 5. Kronbein.

Abb. 6. Strahlbein.

Das Vorderhufbein ist rund, das Hinterhufbein spitzrund. Stellt man ersteres auf eine ebene Platte, so kann man mit demselben wiegende Bewegungen machen, der Zehenteil ist aufgerichtet (Zehenrichtung). Stellt man ein Hinterhufbein auf eine ebene Platte, so liegt es überall fest auf. Bei einem Hinterhufbein steht die Wandfläche etwas steiler.

b) Das Kronbein. Das Kronbein ist ein würfelförmiger Knochen, nur der untere Teil liegt in der Hufkapsel. Die einzelnen Flächen gehen abgerundet ineinander über (Abb. 5).

c) Das Strahlbein. Das Strahlbein ist ein kleiner, schifförmiger Knochen. Man unterscheidet zwei Flächen, eine vordere Gelenkfläche und eine hintere Sehnenfläche (Abb. 6).

Die Gelenkfläche des Strahlbeins, die Gelenkpfanne des Hufbeins und die Gelenkwalze des Kronenbeins bilden zusammen das Hufgelenk. Über die Sehnenfläche des Strahlbeins gleitet die Hufbeinbeugesehne. (Siehe Abb. 7, 1 und 2, Längsdurchschnitt eines Hufes.)

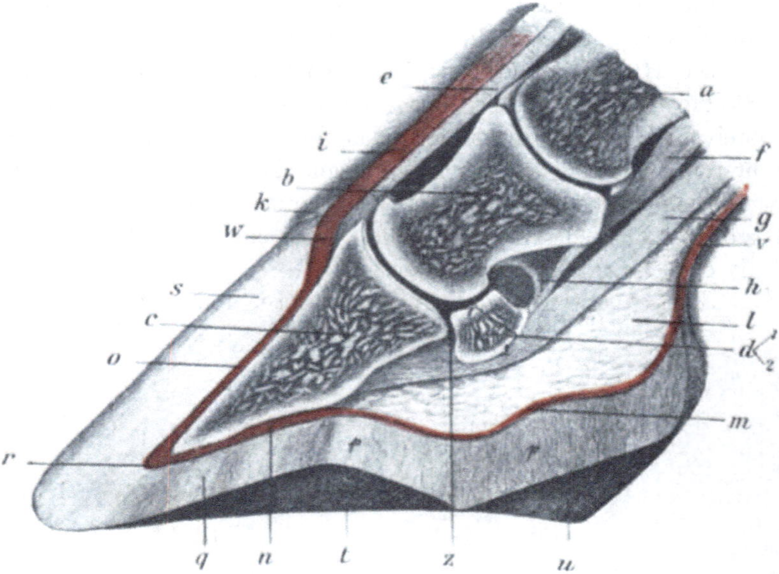

Abb. 7. Längsdurchschnitt eines Hufes.

a Fesselbein.
b Kronbein.
c Hufbein.
d Strahlbein.
  1 Gelenkfläche.
  2 Sehnenfläche.
e Zehenstrecker.
f Kronbeinbeuger.
g Hufbeinbeuger.
h Kapselband des Hufgelenks.
i Haarhaut am Fessel.
k Hornsaum.
l Hufpolster.
m Strahllederhaut. (Fleischstrahl).
n Sohlenlederhaut (Fleischsohle).
o Wandlederhaut (Fleischwand).
p Hornstrahl.
t u. *q* Hornsohle.
r Weiße Linie.
s Hornwand.
u Mittlere Strahlfurche.
v Haarhaut in der Ballengrube.
w Kronlederhaut (Fleischkrone).
z Hufgelenk.

2. Die Lederhautteile (Fleischteile). Man unterscheidet:
a) die Saumlederhaut (Fleischsaum),
b) die Kronlederhaut (Fleischkrone),
c) die Wandlederhaut (Fleischwand),
d) die Sohlenlederhaut (Fleischsohle),
e) die Strahllederhaut (Fleischstrahl).

a) Die Saumlederhaut (Fleischsaum). Auf ihr wird der Hornsaum (Saumband) erzeugt. Sie stellt eine schmale Rinne dar, die vorn tief und schmal ist, nach hinten breiter und flacher wird und in die Strahllederhaut (Fleischstrahl) übergeht. Nach oben grenzt sie an die äußere Haut, nach unten an die Kronlederhaut (Fleischkrone).

b) Die Kronlederhaut (Fleischkrone). Die Kronlederhaut ist ein starker, wulstiger Ring (Kronenwulst), der hinten offen ist; sie überragt die Wandlederhaut und grenzt nach oben

Abb. 8.
a äußere Haut mit Haaren, *b* äußere Haut ohne Haare, *c* Saumlederhaut, *d* Kronlederhaut, *e* Wandlederhaut.

an die Saumlederhaut. An der Zehe ist die Kronlederhaut am stärksten; nach hinten wird sie schwächer und biegt sich zu einem Winkel um, läuft nach vorn und innen und heißt von der Umbiegungsstelle an die Kronlederhauteckstrebe. Diese geht in die Sohlenlederhaut über.

Die Kronlederhaut liegt vorn auf der Endsehne des Zehenstreckers, seitlich auf der Gelenkkapsel des Hufgelenks, hinten auf den Hufbeinknorpeln.

Auf der Kronlederhaut wird das Horn für die Schutzschicht der Hornwand, auf der Kronlederhauteckstrebe das Horn für die Hornwandeckstrebe erzeugt (Abb. 8).

c) Die Sohlenlederhaut (Fleischsohle). Auf der Sohlenlederhaut wird die Hornsohle gebildet. Sie ist dünn und legt sich der Sohlenfläche des Hufbeins fest an. Der äußere Rand verbindet sich mit der Wandlederhaut und der Eckstrebe. In den dreieckigen Ausschnitt schiebt sich der Fleischstrahl ein (Abb. 9).

d) Die Strahllederhaut (Fleischstrahl). Auf der Strahllederhaut wird der Hornstrahl gebildet. Er überzieht die untere Fläche des Strahlpolsters und ist nur dünn. Nach

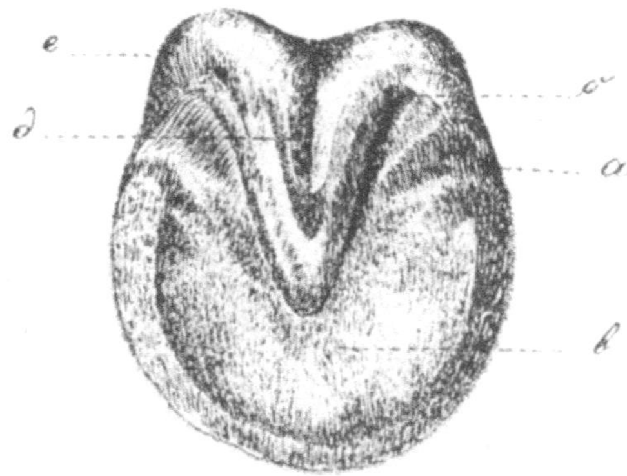

Abb. 9.
a Wandlederhauteckstrebe, *b* Sohlenlederhaut, *c* Kronlederhauteckstrebe, *d* Strahllederhaut, *e* Ballenpolster.

außen von der Strahllederhaut liegen die Strahllederhauteckstreben und die Lederhautsohle.

Alle bis jetzt beschriebenen Lederhautteile sehen körnig, samtartig aus, es kommt dies von den vielen kleinen Zotten, mit denen sie besetzt sind. An den Stellen, wo viel Horn erzeugt wird, wie z. B. an der Kronlederhaut, sind die Zotten am größten.

e) Die Wandlederhaut (Fleischwand). Die Wandlederhaut legt sich der Wandfläche des Hufbeins fest an und ersetzt hier die fehlende Beinhaut. Hinten schlägt sie sich zu einem Winkel um, heißt von dieser Umbiegungsstelle an Wandlederhauteckstrebe, verläuft dann nach vorn und innen und geht in die Sohlenlederhaut über.

Wandlederhaut und Wandlederhauteckstreben sind mit zahlreichen, dicht nebeneinander liegenden Blättchen bedeckt, die in gerader Richtung von oben nach unten verlaufen. Auf diesen Blättchen wird die Blattschicht der Hornwand erzeugt. Zwischen den Blättchen befinden sich ebensoviel Vertiefungen, in welche die Hornblättchen der Hornwand eingreifen. Die Blättchen der Wandlederhaut verhalten sich ähnlich den Blättern eines Buches; am Grunde sind sie an der Wandlederhaut befestigt, während der entgegengesetzte Rand und die Seitenflächen frei sind. Die Blättchen haben noch Nebenblättchen, die mit ähnlichen Leisten der Hornblättchen abwechseln.

Ungefähr 600 Blättchen verbinden sich mit ebensovielen Hornblättchen innig und fest. Durch die Nebenblättchen wird diese Verbindung noch inniger, ausgedehnter und fester.

Am unteren Rande des Hufbeins lösen sich die Blättchen in kleine Zotten auf und verbinden sich mit den kleinen Zotten am äußeren Rande der Sohlenlederhaut; **von diesen zusammen wird das Horn der weißen Linie gebildet.**

Die Wandlederhaut und Wandlederhauteckstrebe bilden hauptsächlich eine Gleitbahn für das Horn, welches auf der Kronlederhaut und der Kronlederhauteckstrebe gebildet wird In geringem Grade bilden beide selbst Horn.

3. Die Hornteile. Zu den Hornteilen gehören:

a) der Hornsaum,
b) die Hornwand mit der Hornwandeckstrebe,
c) die Hornsohle mit der weißen Linie,
d) der Hornstrahl.

a) Der Hornsaum (Saumband). Der Hornsaum ist ein dünnes, 2 bis 3 cm breites Band, das die Verbindung der äußeren behaarten Haut mit dem Huf darstellt. Nach hinten nimmt der Hornsaum an Breite zu und geht in die Ballen über, unten setzt er sich als Glasurschicht der Hornwand fort. Der Hornsaum schützt den oberen dünnen Rand der Hornwand vor dem Austrocknen (Abb. 10).

b) Die Hornwand. Die Hornhaut wird auf und zwischen den Zotten der Saum- und Kronlederhaut und auf und zwischen den Blättchen der Wandlederhaut erzeugt. Sie wird eingeteilt in die Zehenwand, die beiden Seiten- und die beiden Trachtenwände. Letztere biegen sich zu einem Winkel, dem Trachtenwinkel, auch Eckstrebenwinkel genannt, um, verlaufen nach vorn und der Mitte des Hufes und heißen von der Umbiegungsstelle an die Hornwandeckstreben.

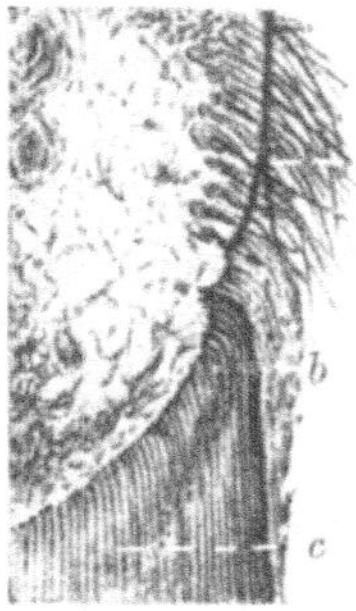

Abb. 10.
a Äußere Haut,
b Hornsaum,
c Hornwand.
(Lupenvergrößerung.)

An der Hornwand unterscheidet man zwei Ränder, einen oberen, den Kronenrand, und einen unteren, den Tragerand.

Am Kronenrande befindet sich eine Rinne, die Kronenwulstrinne. In dieser hat die, die Wandlederhaut überragende Kronenwulst ihre Lage (Abb. 11). Entsprechend der Dicke der Kronlederhaut nimmt auch die Kronenwulstrinne nach den Ballen hin an Breite und Tiefe ab.

Der Tragerand verbindet sich durch die weiße Linie mit der Hornsohle.

Die Hornwand nimmt an Höhe von der Zehe nach den Trachten hin ab. Die Dicke ist mit Ausnahme der Kronen-

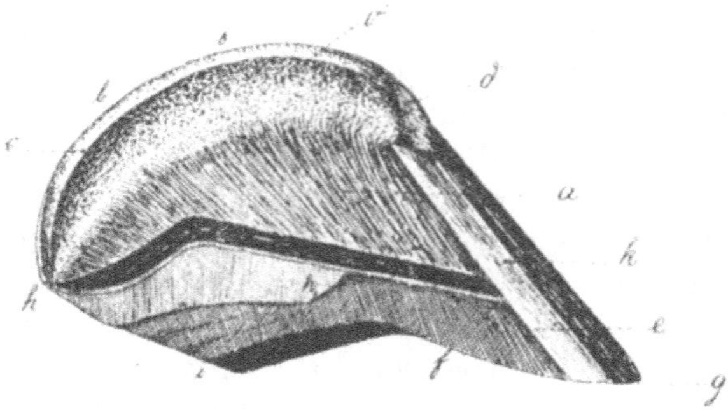

Abb. 11. Längsdurchschnitt des Hornhufes.
a Hornblättchen, *b* Kronenrand, *c* Kronwulstrinne, *d* Hornsaum, *e* weiße Linie, *f* Hornsohle durchschnitten, *g* Tragerand, *h—i* Eckstrebenwand, *h—h* die Stelle, an welcher der Hornstrahl abgeschnitten ist, *k* Hornwand (Schutzschicht).

wulstrinne gleich vom Kronen- bis zum Tragerande, nimmt aber bei Vorderhufen von der Zehe nach den Trachten allmählich ab; bei Hinterhufen ist die Wand fast gleichmäßig dick. Bei steil stehenden Wänden ist die Hornwand dünner als bei schräg stehenden. Die Dicke der Hornwand schwankt zwischen 5—15 mm, je nach der Größe und Form des Hufes.

Man unterscheidet an der Hornwand drei Schichten. Die äußere ist die Glasur- oder Deckschicht, sie wird auf der Saumlederhaut gebildet, ist nur dünn, verleiht dem Hufe seinen Glanz und muß beim Beschlagen stets geschont werden. Die mittlere ist die Schutz- oder Hornröhrchenschicht, sie wird auf der Kronlederhaut gebildet und ist die dickste. Die innerste ist die Blättchenschicht. Die Hornblättchen sind den Blättchen der Wandlederhaut ähnlich; zwischen zwei Hornblättchen liegt stets ein Blättchen der Wandlederhaut. Auf diese Weise verbinden sich ungefähr 600 Blättchen der Wandlederhaut mit ebensovielen Hornblättchen.

In dieser ungemein feinen und ausgedehnten Verbindung der Wandlederhaut mit der Hornwand schwebt die Körperlast, welche die Hufe zu tragen haben. Nur zum geringen Teil ruht sie auf der Hornsohle. Wird diese innige Verbindung in ihrem ganzen Umfange getrennt, z. B. durch Eiterungsvorgänge, so verliert das Pferd seinen Hornschuh, man sagt: es schuht aus.

Die Hornwandeckstrebe ist ebenso gebaut wie die Hornwand (Abb. 12). Von der Umbiegungsstelle an nimmt sie allmählich an Höhe ab und verliert sich in der Hornsohle. Die weiße Linie verbindet auch hier die Hornsohle mit der Eckstrebe.

c) Die Hornsohle. Die Hornsohle stellt eine gewölbte Hornplatte dar (Abb. 13). Sie zerfällt in den Sohlenkörper und in die beiden Sohlenschenkel; an jedem Sohlenschenkel unterscheidet man einen inneren und einen äußeren Rand. Den Teil des Sohlenschenkels, welcher sich mit dem Trachtenwinkel verbindet, nennt man Sohlenwinkel.

Der äußere Rand der Hornsohle verbindet sich durch die weiße Linie mit dem Tragerand der Hornwand; ebenso ver-

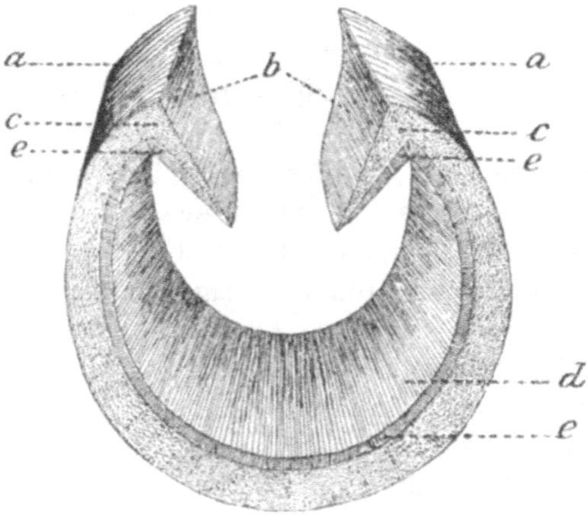

Abb. 12. Hornwand mit Hornwandeckstrebe.
a Trachtenwand, *b* Hornwandeckstrebe, *c* Trachtenecke, *d* Hornblättchen, *e* weiße Linie.

mit dem unteren Rand der Eckstrebe. (Siehe Abb. 12b, c, e.)
bindet die weiße Linie den inneren Rand des Sohlenschenkels.

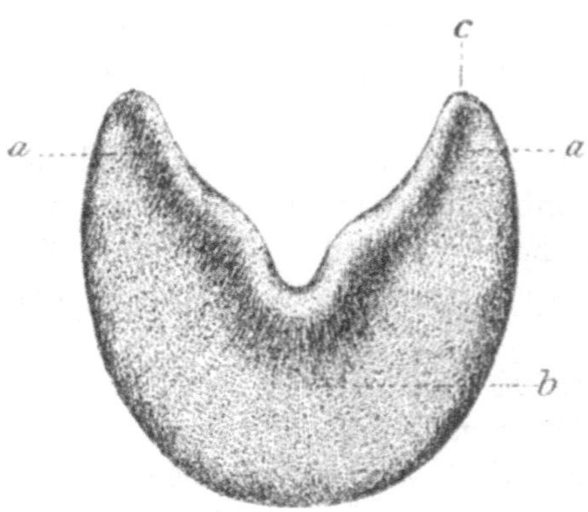

Abb. 13. Hornsohle.
a Sohlenschenkel, *b* Sohlenkörper, *c* Sohlenwinkel.

Die weiße Linie ist von besonderer Bedeutung, da dieselbe stets die Dicke der Hornwand erkennen läßt.

Das Horn der weißen Linie wird gebildet von den Zotten am Rande der Sohlenlederhaut und von den Blättchen der Wandlederhaut am unteren scharfen Rande des Hufbeins, die sich hier in Zotten auflösen.

d) Der Hornstrahl. Der Hornstrahl ist wie ein Keil von hinten zwischen die Eckstreben und den Ausschnitt der Hornsohle eingeschoben.

Er ist von dreieckiger Form, weich und elastisch. Man teilt den Hornstrahl ein in den nach hinten gelegenen breiten Strahlgrund und in die nach vorn gelegene Spitze. Seitlich legen sich an den Strahl die Eckstreben an, dadurch kommt es zur Entstehung der seitlichen Strahlfurchen (Abb. 14).

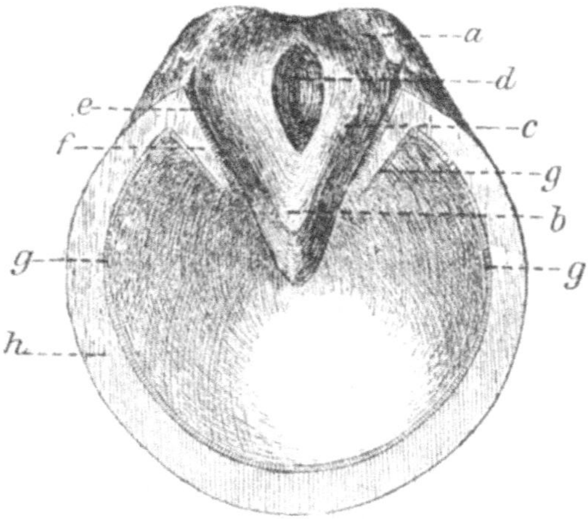

Abb. 14. Hornstrahl.

_a_ Grund, _b_ Spitze, _c_ Schenkel des Strahls, _d_ mittlere, _e_ seitliche Strahlfurche, _f_ Eckstrebe, _g_ weiße Linie, _h_ Tragerand.

Durch Bildung einer mittleren Strahlfurche entstehen die Strahlschenkel; letztere verbinden den Grund mit der Spitze.

Die obere Fläche des Hornstrahls legt sich innig der Strahllederhaut an. Wo der Hornstrahl Erhöhungen aufweist, hat die Strahllederhaut entsprechende Vertiefungen. Macht man sich vom Hornstrahl Querschnitte, so stellt der Querschnitt am Grunde ein lateinisches **W**, an der Spitze ein **V** dar. Die mittlere Erhöhung im **W** nennt man den Hahnenkamm; derselbe paßt in die mittlere Vertiefung der Strahllederhaut.

4. Die elastischen Teile. a) Die Hufknorpel setzen sich an die Hufbeinäste an. Sie stellen elastische Platten von fast viereckiger Gestalt dar, überragen fingerbreit die Hornkapsel nach oben und können an den Ballen deutlich gefühlt werden. Zwischen den beiden Knorpeln liegen das Strahlbein, die Hufbeinbeugesehne und das Strahlpolster. An die äußere, gewölbte Fläche legen sich die Wandlederhaut, die Kronlederhaut und oben die behaarte äußere Haut; an die innere, ausgehöhlte

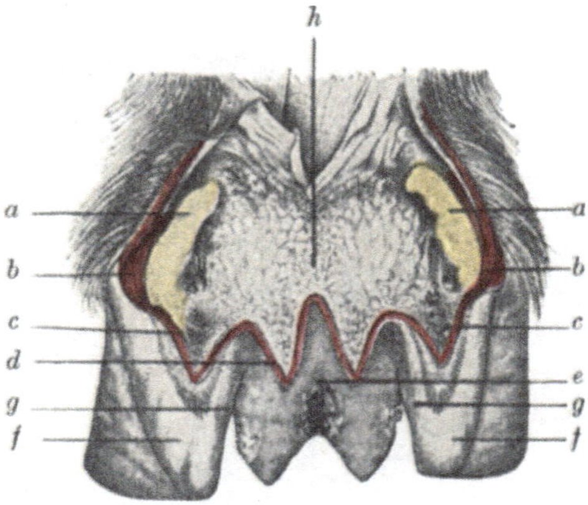

Abb. 15. Querschnitt durch den Huf an den Trachten.
a Hufknorpel, *b* Kronlederhaut, *c* Wandlederhaut, *d* Strahlenhaut, *e* Hornstrahl, *f* Hornwand, *g* Hornwandeckstrebe, *h* Strahlpolster.

Fläche legt sich die seitliche Fläche des Strahlpolsters. Der obere und hintere Rand bilden die Grundlage der Ballen.

b) Das Huf- oder Strahlpolster (vielfach zur Unterhaut gerechnet). Das Hufpolster hat eine keilförmige Gestalt. Die Spitze des Keils ist nach vorn gerichtet. Es besteht aus elastischen Fasern, sieht gelbweiß aus und füllt den Raum in dem hinteren Abschnitt des Hufes aus. Mit den Hufknorpeln zusammen dient es den Ballen als Grundlage (Abb. 15). Die obere Fläche ist der Hufbeinbeugesehne zugekehrt, die untere Fläche wird von der Strahllederhaut überzogen; die seitlichen Flächen verbinden sich fest mit den inneren, ausgehöhlten Flächen der Hufknorpel.

5. Die Blutgefäße und Nerven. Das Blutgefäß, welches das Blut zum Hufe führt, ist die Hauptmittelfußarterie; sie wird auch Schienbeinarterie genannt. Dieselbe liegt an der inneren Seite des Mittelfußes zwischen dem Fessel- und Hufbeinbeuger und führt hellrotes Blut. In der Gegend des Fesselgelenks teilt sich das Gefäß in die beiden Seitenarterien der Zehe und gibt dann viele kleine Zweige ab, die den Huf sehr reichlich mit Blut versorgen.

Nachdem das Blut die feinsten sog. Haargefäße des Hufes durchlaufen hat, sammelt es sich wieder in den Venen, sieht nun dunkelrot aus und wird dann durch die Seitenvene der Zehe in größere Venen geführt, gelangt schließlich ins Herz zurück. Durch letzteres wird es in die Lungen getrieben, wo es durch Zusammentreten mit der Luft wieder gereinigt und hellrot wird. („Nerven“ siehe S. 6.)

Der Hornschuh (Hufkapsel).

Der Hornschuh besteht aus Hart- und Weichhorn. Zu ersterem gehören die Hornwand und die Hornsohle, zu letzterem der Hornsaum, der Hornstrahl und die weiße Linie.

Der Hornschuh hat ein geringes Eigengewicht und ist daher der Huf leicht im Verhältnis zu seinem Umfang. Ferner ist der Hornschuh elastisch, einmal durch die eigene Elastizität des Hornes selbst, dann aber auch durch die Zusammensetzung aus Hart- und Weichhorn und durch die elastischen Teile, die im Hufe liegen (Strahlpolster und Hufknorpel).

Vermöge dieser Eigenschaften des Hornschuhes kann das Pferd auch selbst in schneller Gangart auf hartem Boden gehen. Der Stoß und die Erschütterung, die sonst den Huf und die Gelenke treffen würden, werden erheblich gemildert.

Der Hornschuh ist ein schlechter Wärmeleiter. Das Pferd kann daher mit seinen Hufen lange im Schnee stehen, ohne daß diese erfrieren. Das Horn nimmt leicht Feuchtigkeit auf und gibt dieselbe durch Verdunstung auch leicht wieder ab. Fette dringen nur schwer in die Hornschicht ein.

3. Das Wachstum des Hufhorns.

Der Hornschuh wird durch Verhornung der Zellen der Oberhaut gebildet. Alle Teile, die Horn bilden, mit Ausnahme der Wandlederhaut, sehen körnig, sammetartig aus von den vielen kleinen Zotten, mit denen die besetzt sind. Zur Bildung von Horn ist viel Blut erforderlich. In jede Zotte dringen Blutgefäße und verzweigen sich in derselben vielfach. Die Zotten bilden zunächst das Horn in Form von kleinen Zellen. Die jungen Zellen schieben die alten vor sich her. Wenn sie die Spitze der Zotten erreicht haben, so entsteht eine **Hornröhre** (Abb. 16). Zwischen den Zotten wächst ebenfalls Horn, das **Zwischenhorn**. Letzteres verbindet das Röhrchenhorn zu einer festen Masse (Abb. 17). So wächst das Hufhorn gleich-

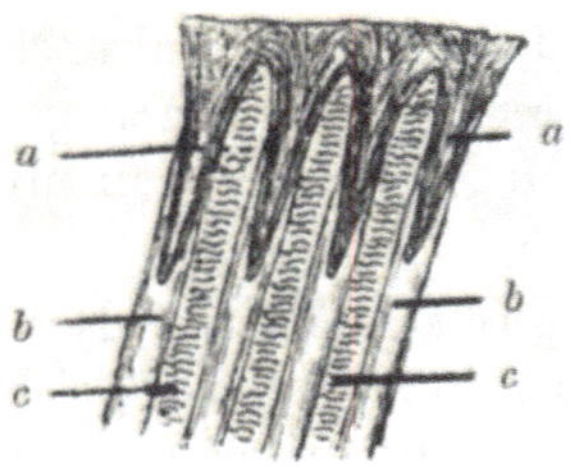

Abb. 16. Zotten der Fleisch- (krone vergr.). *a* Zotten, *b* Röhrchen, *c* Zwischenhorn.

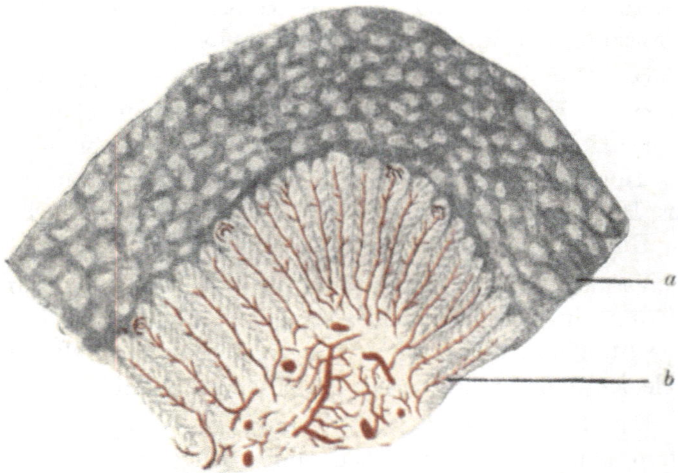

Abb. 17. Querschnitt durch Hornwand und Wandlederhaut. *a* Hornwand mit Hornröhrchen und Zwischenhorn, *b* Wandlederhaut mit Blutgefäßen.

mäßig von oben nach unten, indem die jungen Hornmassen die alten vor sich herschieben. Das Wachstum geht langsam vonstatten, es dauert an der Zehe etwa 12, an den Seitenwänden 9 und an den Trachtenwänden 5 Monate, ehe ein Hornteil vom Kronen- bis zum Tragerande hinuntergewachsen ist. Bei den einzelnen Hufformen ist das Wachstum verschieden schnell. Je mehr die Wandabschnitte erschüttert werden, um so schneller wachsen sie; daher wächst das Horn bei Hufen mit steilen Wänden schneller als bei Hufen mit schräg verlaufenden Wänden. Die schräger stehenden Wandabschnitte sind stets dicker als die steil stehenden. Hinterhufe wachsen schneller als Vorderhufe, unbeschlagene schneller als beschlagene.

Abb. 18.
Wand zu hoch. Wand zu niedrig.

Bewegung, gute Hufpflege, regelmäßige Erneuerung des Beschlages, gute Ernährung des Pferdes begünstigen das Wachstum.

Die **jungen Hornteile,** welche den Fleischteilen nahe liegen, sehen **feucht** und **glänzend** aus, die **alten, abgestorbenen** Hornmassen sind **trocken, grau, spröde** und **rissig.**

Das Horn wächst meist gradlinig vom Kronen- zum Tragerand. Parallel mit dem Kronenrande verlaufende schwache Ringe gehören zu normalen Wachstumsvorgängen.

Bleiben Wandabschnitte längere Zeit zu hoch, so biegen sie sich von der Wandlederhaut ab (konvexe Verbiegung). Die Ringe liegen dann weiter auseinander (Abb. 18).

Werden Wandabschnitte zu niedrig gelassen, so verbiegen sie sich gegen die Wandlederhaut (konkave Verbiegung). Die Ringe liegen dann dichter zusammen.

Zweiter Abschnitt.

1. Die Stellungen der Gliedmaßen.

Für den Schmied ist es von besonderer Wichtigkeit, die einzelnen Stellungen erkennen und beurteilen zu können, da mit denselben ganz bestimmte Hufformen verbunden sind.

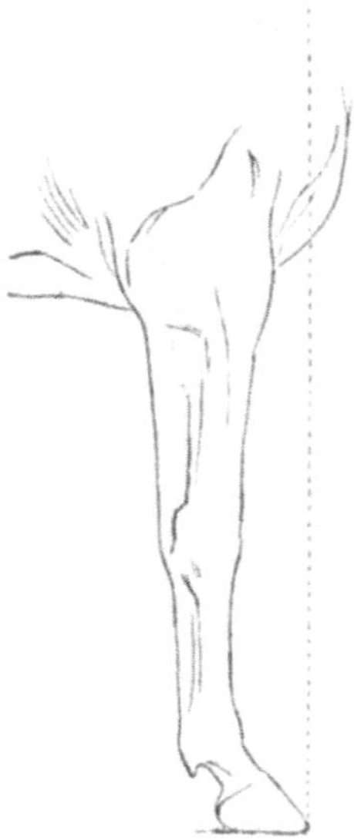

Abb. 19.
Die regelmäßige oder gerade Stellung.

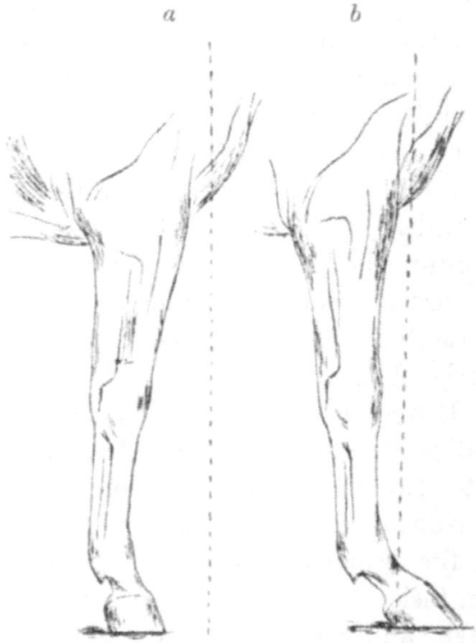

Abb. 20.
a die rückständige, *b* die vorständige Stellung.

Auf die Erhaltung der Hufform zu der jedesmaligen Stellung muß der Schmied bei der Beschneidung und dem Beschlage des Hufes stets bedacht sein.

Man unterscheidet:

A. Die Stellung der Vordergliedmaßen.

I. Von der **Seite** betrachtet.

1. Die regelmäßige oder gerade Stellung (Abb. 19). Das vom Schultergelenk gefällte Lot trifft die Hufzehe.

a) Ist der Winkel der Fessellinie mit dem Erdboden ungefähr 45°, so ist die Winkelung eine regelmäßige.

b) Ist der Winkel größer als 50°, so nennt man die Gliedmaße *stumpfgewinkelt* oder *steilgefesselt*.

c) Ist der Winkel kleiner als 45°, so nennt man die Gliedmaße *spitzgewinkelt* oder *weichgefesselt*.

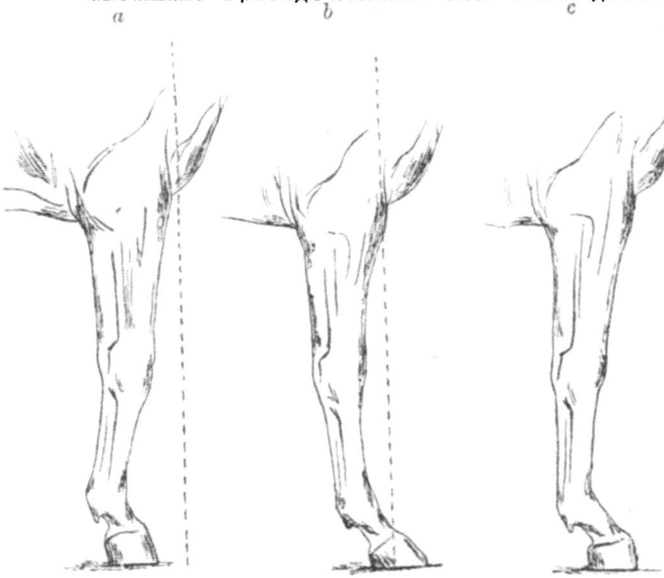

Abb. 21.
a die rückbiegige, *b* die vorbiegige, *c* die bärenfüßige Stellung.

2. Die *rückständige* Stellung (Abb. 20a).

Der Schenkel steht hinter dem vom Schultergelenk gefällten Lot. Die Winkelung ist stumpf. Fängt die Abweichung erst am Vorderfußwurzelgelenk an, so heißt die Stellung *rückbiegig* (Abb. 21a).

3. Die *vorständige* Stellung (Abb. 20b).

Der Schenkel steht vor dem vom Schultergelenk gefällten Lot. Die Winkelung des ganzen Schenkels ist spitz. Fängt die

Abweichung erst am Vorderfußwurzelgelenk an, so heißt die Stellung vorbiegig, auch hammelbeinig (Abb. 21 b).

4. Die bärenfüßige Stellung (Abb. 21 c).

Das Hufbein steht steiler als das Kronen- und Fesselbein und bildet mit diesen Knochen einen Winkel; Kronen- und Fesselbein haben oft, besonders bei den Hintergliedmaßen, eine wagerechte Lage.

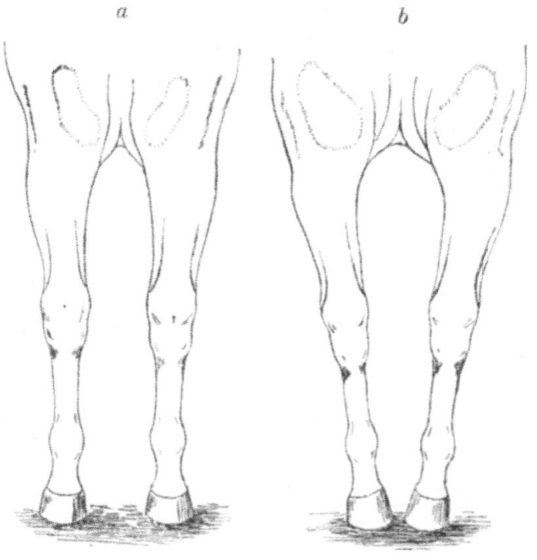

Abb. 22.
a die regelmäßige, *b* die bodenenge Stellung.

II. Von **vorn** betrachtet.

1. Die regelmäßige oder gerade Stellung (Abb. 22a).

Ein vom Schultergelenk gefälltes Lot trifft die Mitte der Hufzehe und teilt den Schenkel in zwei gleiche Teile.

2. Die bodenenge Stellung (Abb. 22b).

Die Schenkel weichen in gerader Richtung vom Lot nach unten und innen ab.

a) Die zehenbodenenge Stellung.

Die Schenkel stehen bis zum Fesselgelenk gerade, weichen dann nach unten und innen ab.

b) Die O-beinige Stellung.

Die Schenkel weichen in gebogener Richtung nach unten und innen ab.

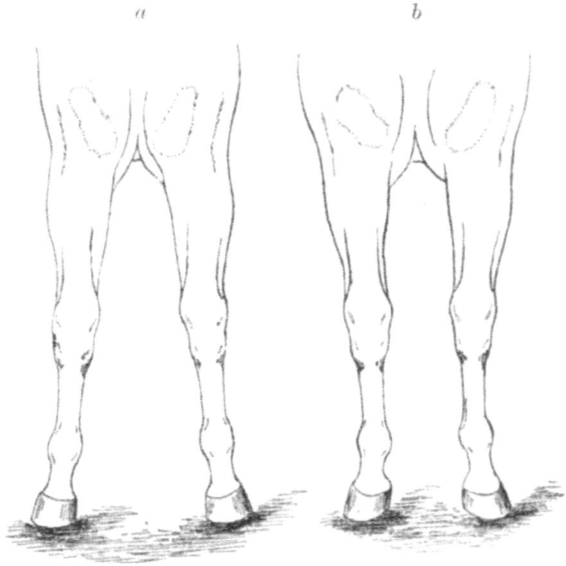

Abb. 23.
a die bodenweite, *b* die diagonale Stellung (nach außen).

3. Die bodenweite Stellung (Abb. 23a).

Die Schenkel weichen in gerader Richtung vom Lot nach unten und außen ab.

a) Die zehenbodenweite Stellung.

Die Schenkel gehen bis zum Fesselgelenk gerade und weichen von da nach unten und außen ab.

b) Die X-beinige Stellung.

Die Schenkel weichen in gebogener Richtung nach unten und außen ab.

4. Die diagonale Stellung (Abb. 23b).

Der Schenkel ist um seine Längsachse gedreht, und zwar im ganzen Verlauf oder erst vom Vorderfußwurzel- bzw. Fesselgelenk an. Die Drehung des Schenkels ist entweder nach außen (französisch, zehenweit) oder nach innen (zeheneng).

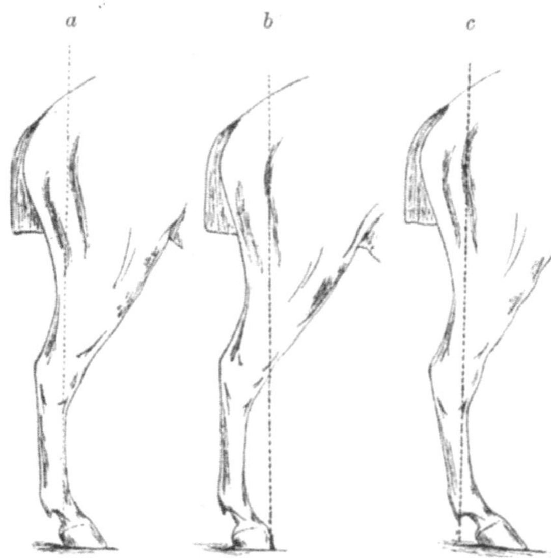

Abb. 24. Die Stellungen der Hintergliedmaßen von der Seite.
***a* regelmäßig, *b* rückständig, *a* vorständig.**

Die diagonale Stellung kommt nie allein vor, sondern stets in Verbindung mit einer der anderen Grundstellungen, z. B. regelmäßig diagonal nach außen, bodenweit diagonal nach innen, zehenbodeneng diagonal nach außen.

B. Die Stellungen der Hintergliedmaßen.

I. Von der **Seite** betrachtet (Abb. 24).

1. Die regelmäßige Stellung.

Das von der Gegend des Hüftgelenkes gefällte Lot trifft die Huftracht.

2. Die rückständige Stellung.

Der Schenkel steht hinter dem vom Hüftgelenk gefällten Lot.

3. Die vorständige Stellung.

Der Schenkel steht vor dem vom Hüftgelenk gefällten Lot.

Vorständig vom Sprunggelenk nennt man säbelbeinig.

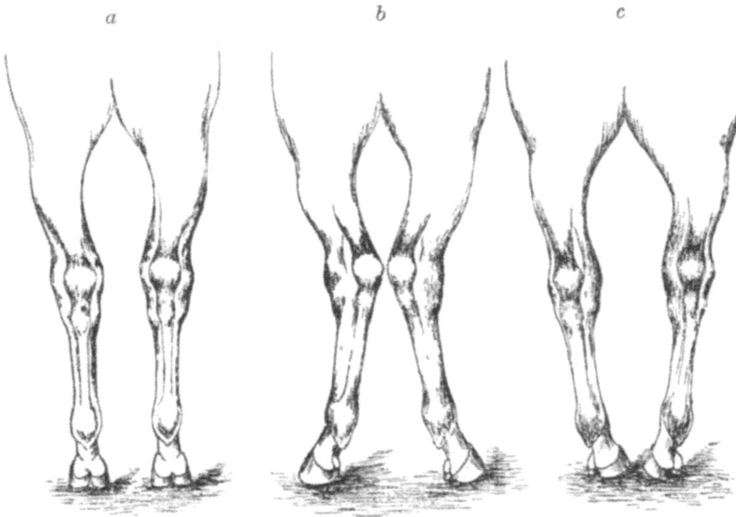

Abb. 25. Die Stellungen der Hintergliedmaßen von hinten.
a regelmäßig, *b* X-beinig, *c* O-beinig.

II. Von **hinten** betrachtet (Abb. 25).

1. Die regelmäßige Stellung.

Ein vom Sitzbeinhöcker gefälltes Lot teilt den Schenkel in zwei gleiche Teile und trifft die Mitte des Hufes.

2. Die übrigen Stellungen sind wie die bei den Vordergliedmaßen. X- und O-beinige Stellungen kommen besonders bei den Hintergliedmaßen vor, bei ersterer sind die Sprunggelenke dicht zusammen, bei letzterer weit auseinander.

2. Die Bewegung der Schenkel.

Je nach den verschiedenen Stellungen werden auch die Schenkel verschieden bewegt.

Die Bewegung des Körpers nach vorwärts wird durch die Tätigkeit der Hinterbeine veranlaßt, die Vorderbeine fangen die Last des vorgeschobenen Rumpfes auf.

Bei der regelmäßigen Stellung werden die Schenkel und Hufe in gerader Richtung nach vorn bewegt: bei der bodenengen wird ein Bogen **um** den stützenden, bei der bodenweiten ein Bogen **gegen** den stützenden Fuß gemacht. Bei diagonal nach außen gestellten Schenkeln weicht das Vorderfußwurzelgelenk nach außen ab, während der Huf in einem Bogen gegen den stehenden Fuß vorgeführt wird.

Bei O- und X-beiniger Stellung werden drehende Bewegungen ausgeführt. O-beinig gestellte Pferde drehen das Sprunggelenk nach außen, die Zehe nach innen, X-beinig gestellte das Sprunggelenk nach innen, die Zehe nach außen.

Pferde mit stark bodeneng-diagonal nach außen gestellten Hintergliedmaßen drehen wie die O-beinig gestellten.

Bei Betrachtung von der Seite fallen bei regelmäßigem Körperbau die Hufschläge der Vorder- und Hinterbeine zusammen. Die Hufe werden in mittlerer Höhe vorgeführt.

Pferde mit spitzgewinkelten Gliedmaßen führen die Hufe in einem flachen Bogen über den Erdboden vor, es tritt leicht Stolpern ein.

Pferde mit stumpfgewinkelten Gliedmaßen führen die Hufe in einem hohen Bogen vor, der Stoß trifft die Schenkel stärker als bei regelmäßiger und spitzer Winkelung.

3. Die Hufformen.

Man unterscheidet:

1. Den regelmäßigen Vorderhuf. Derselbe ist rund, von mittlerer Höhe und Weite. Die innere Wand steht etwas steiler als die äußere.

Die Zehenwand steht schräg in einem Winkel von 45 bis 50°

zum Erdboden, die Seitenwände stehen steiler, die Trachtenwände haben eine mäßige Neigung nach innen zum Strahl hin (Abb. 26 und 27). Die größte Weite des Hufes liegt am Ende des zweiten Drittels. Zehen-, Seiten- und Trachtenwand ver-

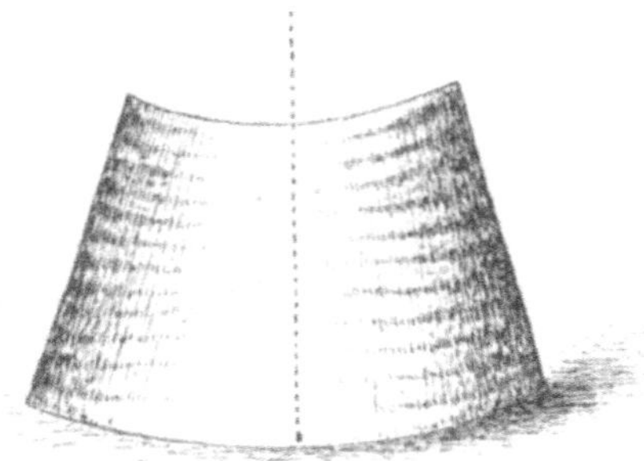

Abb. 26.

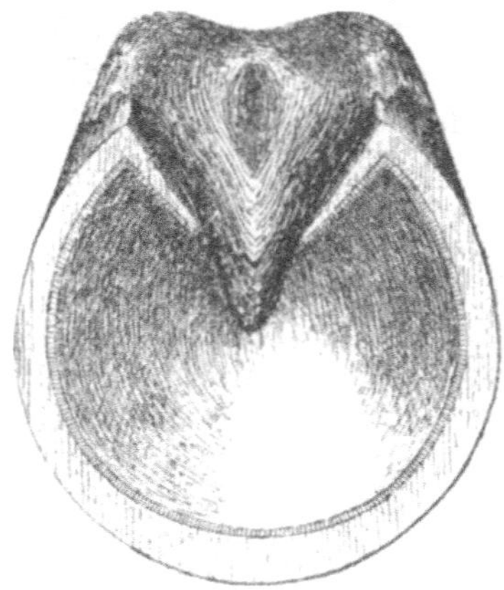

Abb. 27.

Regelmäßiger Vorderhuf.

halten sich in ihrer Länge wie 3 : 2 : 1. Die Sohle ist mäßig gewölbt, die Eckstreben stehen mäßig schräg.

2. Den regelmäßigen Hinterhuf. Die Form ist mehr spitzrund. Die Hornwand steht im ganzen steiler als beim Vorderhuf, die äußere Wand etwas steiler als die innere (Abb. 28). Die weiteste Stelle des Hufes liegt im letzten Drittel, die Sohle ist stärker gewölbt, die Hornwand ist überall fast gleichmäßig dick. Teilt man den Längsschnitt eines Eies quer in zwei Hälften, so ähnelt der Vorderhuf der Hälfte mit dem stumpfen, der Hinterhuf derjenigen mit dem verschmälerten Ende.

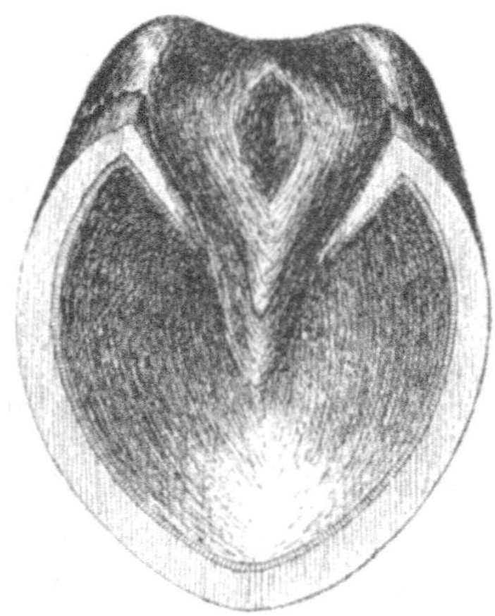

Abb. 28. Regelmäßiger Hinterhuf.

3. Den engen Huf. Derselbe hat eine oval-runde Form und ist hoch. Nur ein kleiner Teil der Zehenwand steht schräg, der größte Teil der Hornwand steht steil, die Trachtenwände haben eine starke Neigung nach innen (Abb. 29 und 30). Die Hornsohle ist stark gewölbt, der

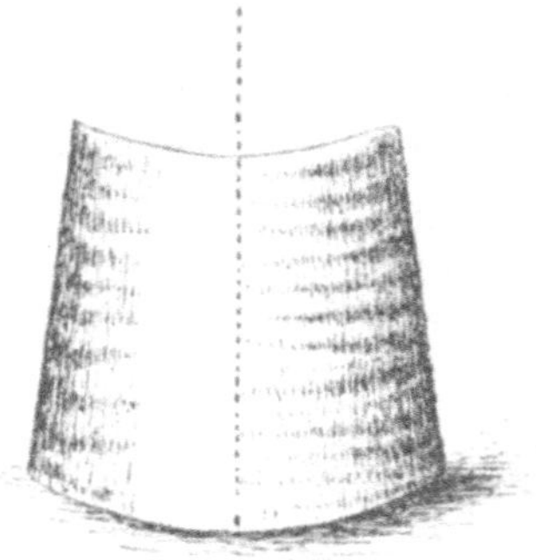

Abb. 29.

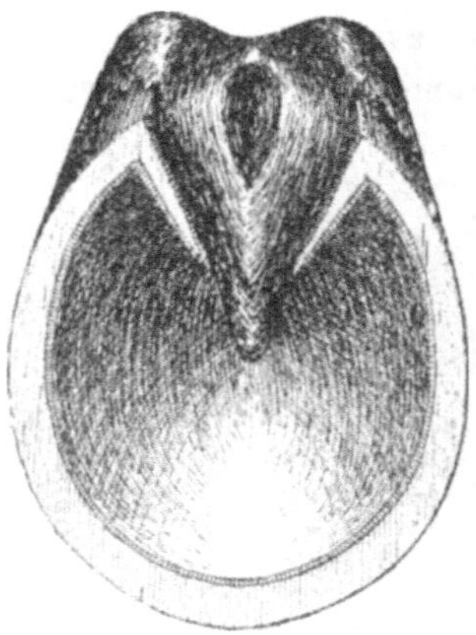

Abb. 30.

Enger Vorderhuf.

Strahl schmal mit tiefen Furchen. Die Eckstreben stehen steil und sind lang. Der Huf ist am Kronenrande fast ebensoweit wie am Tragerande. Die Hornwand ist dünn, das Horn feinfaserig.

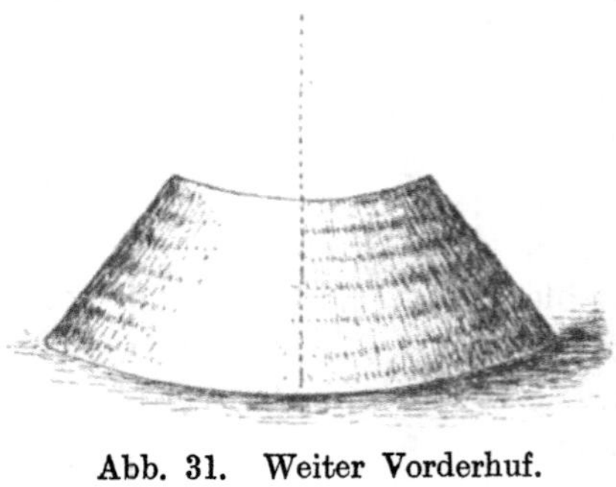

Abb. 31. Weiter Vorderhuf.

4. Den weiten Huf. Derselbe hat eine kreisrunde Form und ist niedrig. Die Wände stehen sehr schräg, die Trachten haben nur eine geringe Neigung nach innen. Die Hornsohle ist mäßig gewölbt, der Strahl breit mit flachen Furchen (Abb. 31 und Abb. 32). Die Eckstreben stehen sehr schräg und sind kurz. Der Huf ist am Tragerand viel weiter als am Kronenrand. Die Hornwand ist dick, das Horn grobfaserig.

5. Den bodenweiten Huf. Derselbe kommt vor bei der bodenweiten, zehenbodenweiten und X-beinigen Stellung. Die innere Wand steht bedeutend viel steiler als die äußere, daher ist auch der innere Sohlenschenkel viel schmaler als der äußere.

Die innere Seite zeigt mehr oder weniger die Formen des engen, die äußere diejenigen des weiten Hufes.

Die innere Tracht hat eine starke Neigung nach innen, die äußere nur eine geringe.

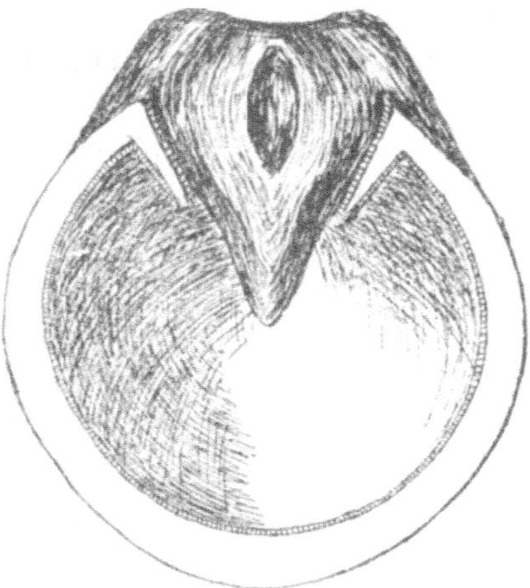

Abb. 32. Weiter Huf.

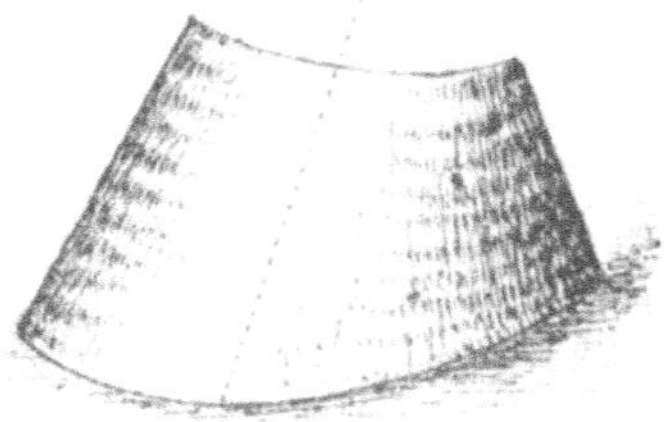

Abb. 33. Linker bodenenger Vorderhuf.

6. Den bodenengen Huf. Derselbe kommt vor bei der bodenengen, zehenbodenengen und O-beinigen Stellung.

Die äußere Seite steht bedeutend viel steiler als die innere, daher ist auch der äußere Sohlenschenkel viel schmaler als der innere (Abb. 33).

Die äußere Seite zeigt die Formen des engen, die innere diejenigen des weiten Hufes.

Die äußere Tracht hat eine starke Neigung nach innen, die innere nur eine geringe.

7. Den diagonalen Huf. Schon bei Besprechung der Stellungen ist angegeben, daß die diagonale Stellung nicht für sich allein, sondern nur in Verbindung mit einer der anderen Grundstellungen vorkommt, z. B. regelmäßig diagonal nach außen gestellt (zehenweit). Demnach richtet sich auch die Form des diagonalen Hufes nach der mit ihr verbundenen Grundform. Man spricht also z. B. von einem regelmäßigen Huf mit diagonaler Umformung.

Die diagonale Umformung besteht darin, daß der Durchmesser des Hufes von der inneren Tracht zur äußeren Zehe abnimmt, der Durchmesser von der äußeren Tracht zur inneren Zehe etwas zunimmt.

Bei Betrachtung von unten sieht man, daß die diagonale Umformung den Hufen die gleichmäßige Rundung genommen hat.

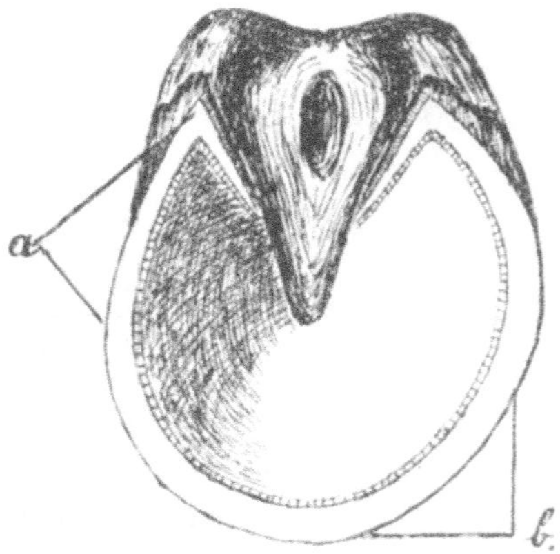

Abb. 34. Die diagonale Umformung. *a* innere Tracht, *b* äußere Zehe.

Es verlaufen gerade und gestreckt die innere Tracht und die äußere Zehe; etwas mehr gerundet die äußere Tracht und die innere Zehe (Abb. 34).

Ist die Stellung diagonal nach innen (zeheneng), so ist nicht nur die innere Tracht des Hufes gerade und gestreckt, sondern auch die innere Seitenwand.

Bei dem bodenengen Hufe kommt die diagonale Umformung weniger zum Ausdruck, es bleibt dem Hufe mehr die bodenenge Form erhalten.

Man sieht nur an der äußeren Tracht eine noch stärkere Rundung und damit verbunden eine starke Neigung der äußeren Tracht nach innen.

Die Stellung bodeneng-diagonal nach außen kommt oft an den Hintergliedmaßen vor.

Alle bis jetzt beschriebenen Hufformen waren bei Betrachtung von der Seite gedacht in einem Zehenwinkel von 45—50°; man nennt diese Hufform regelmäßig gewinkelt (Abb. 35).

Ist der Zehenwinkel kleiner als 45°, so entsteht der **spitze Huf** (Abb. 36).

Derselbe kommt vor bei der weichgefesselten geraden, der vorständigen und vorbiegigen Stellung.

Der Huf hat eine lange, starke Zehe und niedrige, schwache, stark belastete Trachten. Zehen-, Seiten- und Trachtenwand verhalten sich in ihrer Länge ungefähr wie 4 : 3 : 1.

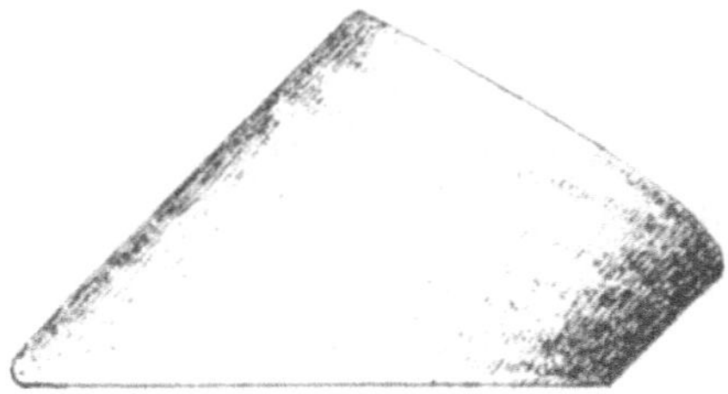
Abb. 35. Regelmäßiger Huf.

Ist der Zehenwinkel größer als 50°, so entsteht der **stumpfe Huf** (Abb. 37).

Derselbe kommt vor bei der steil gefesselten geraden, der rückständigen, rückbiegigen und bärenfüßigen Stellung.

Der Huf hat eine schwache, niedrige, stark belastete Zehe und hohe, starke Trachten.

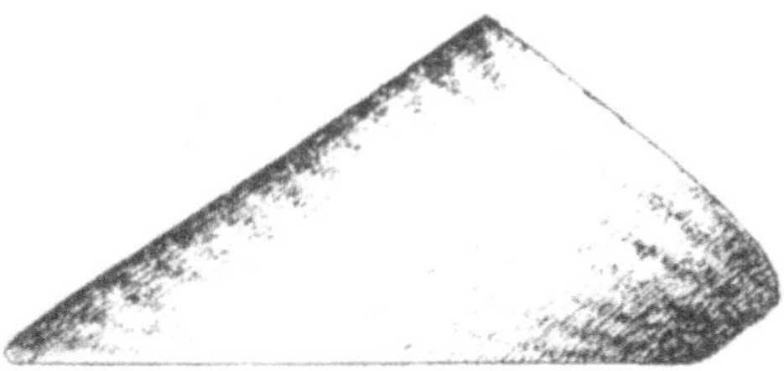
Abb. 36. Spitzer Huf.

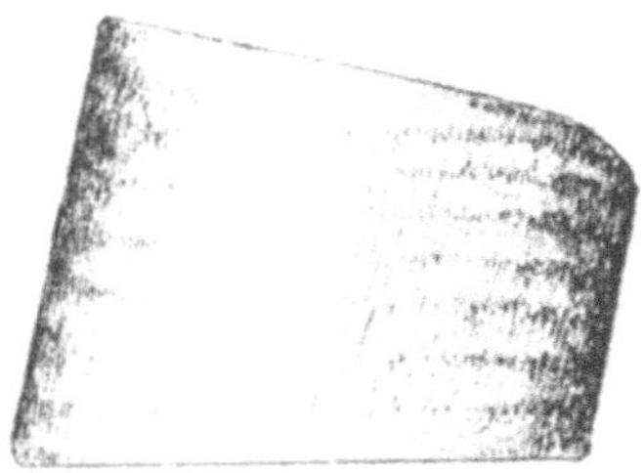
Abb. 37. Stumpfer Huf.

Zehen-, Seiten- und Trachtenwand verhalten sich wie $3 : 2^1/_2 : 2$.

Man muß also unterscheiden:

regelmäßige enge und regelmäßige weite Hufe,
spitze enge „ spitze weite Hufe,
stumpfe enge „ stumpfe weite Hufe,
spitze bodenenge „ spitze bodenweite Hufe usw.

Die Veränderung des Zehenwinkels formt die Hufe in ihrer Gestalt um.

Wird der Zehenwinkel kleiner, so nimmt die Zehe des Hufes an Länge zu, die Tracht aber ab.

Wird der Zehenwinkel größer als 50°, so nimmt die Zehe des Hufes an Länge ab, die Tracht aber zu.

Die niedrigsten Trachten hat demnach der spitze weite Huf, die höchsten Trachten der stumpfe enge Huf.

4. Die Einwirkung der Körperlast auf die Hufe bei den einzelnen Stellungen.

Im Stande der Ruhe stützen die 4 Gliedmaßen den Körper und die 4 Hufe tragen die Körperlast. Die Vorderhufe sind durch den Hals und den Kopf des Pferdes sowie durch das Gewicht des Reiters mehr belastet als die Hinterhufe, neigen infolgedessen auch mehr zu Erkrankungen.

In der Bewegung müssen 2 Hufe, im Galopp und beim Sprung muß oft nur 1 Huf den ganzen Körper stützen.

Der Hufbeschlag soll daher den Hufen stets eine gute Stützfläche gewähren, um sie möglichst vor Erkrankungen zu schützen.

Bei den einzelnen Stellungen des Pferdes wirkt die Körperlast verschieden auf die Hufe ein.

Bei regelmäßig gestellten Gliedmaßen werden alle Teile des Hufes gleichmäßig belastet.

Bei **bodenenger** Stellung wird die **steile äußere** Seite, bei **bodenweiter** Stellung die **steile innere** Seite mehr belastet. Steht der Schenkel **diagonal nach außen,** so fällt die Last mehr auf die steil stehende **innere** Tracht und die äußere Zehe.

Bei **bodeneng-diagonal nach außen** gestellten Schenkeln wird am meisten die **äußere** Tracht belastet.

Ist die Winkelung eine **spitze,** so werden mehr die **Trachten,** ist die Winkelung eine **stumpfe,** wird mehr die **Zehe** belastet.

Die steilen Hornwandabschnitte sind die stärker belasteten, sie neigen daher leicht zu Erkrankungen und müssen bei der

Beschneidung besonders berücksichtigt und durch das Hufeisen gestützt werden.

Die einzelnen Hufformen müssen auch zu den Stellungen passend erhalten werden.

Es gehört zu einer bodenengen Stellung auch ein bodenenger Huf, also ein Huf, dessen äußere Seite steil und dessen innere schräg verläuft. Man kann nicht aus einem bodenengen Huf einen regelmäßigen formen wollen.

Ebenso muß der Schmied stets darauf achten, daß der Huf zu seinem Fesselstande paßt, sowohl bei Betrachtung von der Seite, als auch von vorn und von hinten.

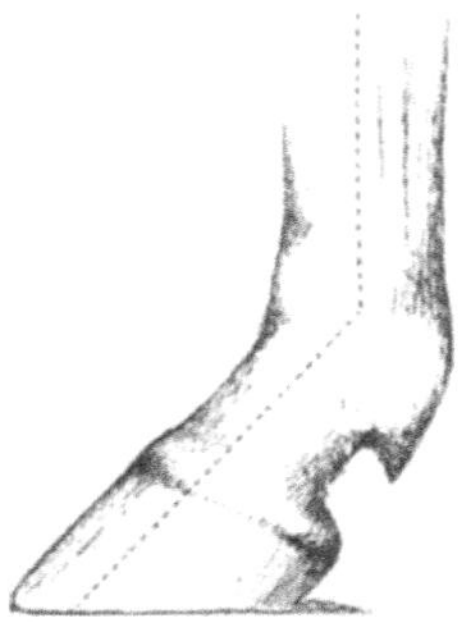

Abb. 38. Zur Stellung passend.

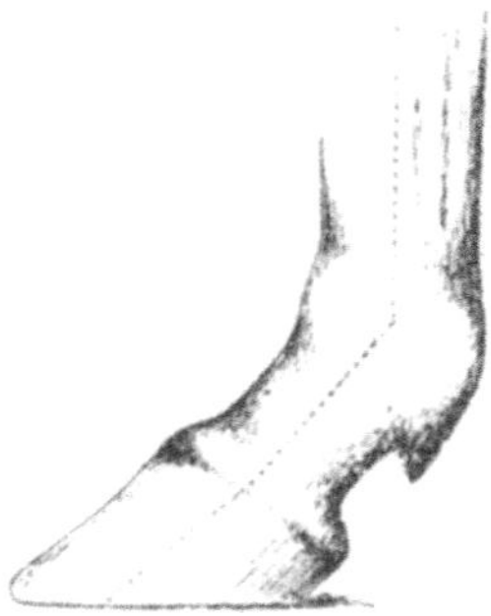

Abb. 39. Für die Stellung zu spitz.

Abb. 40. Für die Stellung zu stumpf.

Der Huf paßt von der Seite gesehen zu seinem Fesselstand, wenn die Zehenlinie in gleicher Richtung verläuft wie die Fessellinie. (Unter letzterer versteht man eine durch die Mitte des Fesselbeins gezogene Linie.)

Verläuft die Fessellinie steiler als die Zehenlinie, so ist der Huf für die Stellung zu spitz. Entweder ist dann die Zehe zu lang oder es sind die Trachten zu niedrig (Abb. 38, 39 und 40).

Verläuft die Fessellinie schräger als die Zehenlinie, so ist der Huf für seine Stellung zu stumpf.

Die Trachten sind alsdann zu hoch oder die Zehe ist zu kurz.

Der Huf paßt von vorn gesehen zu seinem Fesselstand, wenn die Halbierungslinie des Fessels, nach

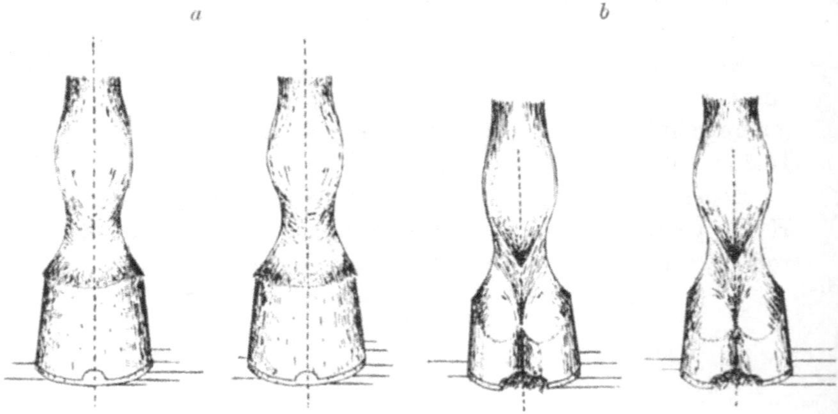

Abb. 41.

Zur Stellung passend von vorn. Zur Stellung passend von hinten.

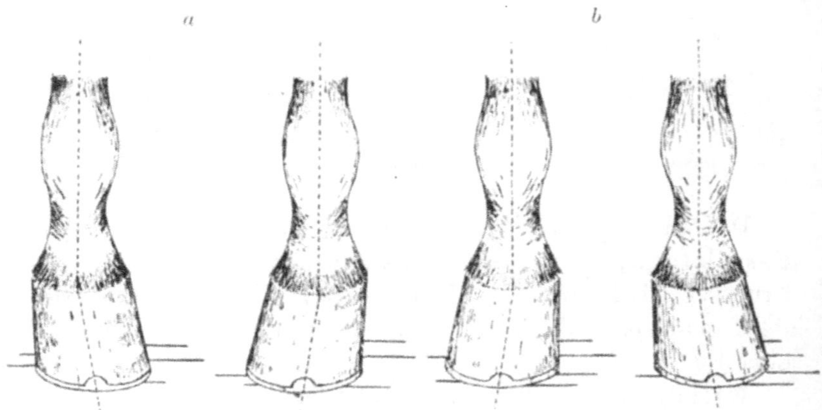

Abb. 42.

Huf schief zum Fessel nach innen. Huf schief zum Fessel nach außen.

unten verlängert, die Mitte der Hufzehe trifft. Weicht die Hufzehe von dieser Linie ab, so steht der Huf schief zum Fessel (Abb. 41 und 42).

Paßt der Huf von allen Seiten zum Fesselstand, so werden auch alle Teile der oberhalb des Hufes liegenden Gelenke, besonders Kronen- und Fesselgelenk, gleichmäßig belastet und vor Erkrankungen geschützt.

5. Die Abnutzung des Hufes.

Damit der Huf seine gesunde Form behält, muß er mit allen Teilen seines Tragerandes gleichzeitig aufgesetzt werden. Man nennt dies plane Fußung.

Der Huf bleibt nach dem Aufsetzen nicht fest auf dem Boden stehen, sondern gleitet noch in der Bewegungsrichtung des Schenkels etwas nach vorn. Man sieht dies deutlich am Abdruck des Hufes auf weichem Boden.

Durch dieses Vorwärtsgleiten nutzt sich der unbeschlagene Huf auf dem Erdboden etwas ab, die Trachten erhalten einen Rückstoß und bleiben dadurch in ihrer parallelen Lage zur Zehe.

Durch den Auftritt (Fußung) des unbeschlagenen sowie auch des beschlagenen Hufes tritt eine Abnutzung ein, die man Fußungsreibung nennt. Fußt das Pferd plan, so nutzen sich alle Teile gleichmäßig ab; ist ein Wandabschnitt höher, so wird dieser zuerst aufgesetzt und nutzt sich auch mehr ab. Ebenso können zu kurze oder zu enge Eisen eine stärkere Abnutzung eines Eisenschenkels zur Folge haben.

Durch den Abschwung des Schenkels vom Erdboden entsteht an der Zehe des Hufes eine Abnutzung, diese nennt man Abschwungsreibung oder auch Zehenrichtung.

Dieselbe befindet sich meist an der äußeren Zehe, selten in der Mitte und noch seltener an der inneren Zehe.

Bei beschlagenen Hufen tritt noch eine Abnutzung des Hufes auf dem Hufeisen ein, besonders an den Trachten. Veranlaßt wird diese Abnutzung durch die Beweglichkeit des Hufes in seinen hinteren Abschnitten. Am Eisen sieht man blanke Scheuerstellen, oft ganze Vertiefungen an der Tragefläche.

6. Die Kennzeichen eines gesunden Hufes.

1. Bei einem gesunden Hufe verläuft die Hornwand geradlinig vom Kronenrand bis zum Tragerand.

2. Die Wand sieht glatt und glänzend aus und zeigt weder Längs- noch Querrisse. Schwach entwickelte Ringe, die mit der Krone parallel laufen, haben keine Bedeutung.

3. Die Krone senkt sich gleichmäßig von der Zehe über die Seitenteile nach den Trachten, zeigt weder Ein- oder Ausbuchtungen, noch Verlagerungen.

4. Die Ballen sind beide gleichmäßig kräftig entwickelt, die Hufknorpel fühlen sich weich und elastisch an.

5. Die Hornsohle ist gleichmäßig gewölbt und durch die weiße Linie mit der Wand fest verbunden.

6. Die Eckstreben verlaufen geradlinig und werden deutlich von der weißen Linie begrenzt.

7. Der Hornstrahl ist gut entwickelt und liegt mit den Trachten in einer Höhe und Querrichtung.

8. Rote Stellen dürfen im Horn nicht vorhanden sein.

7. Der Hufmechanismus.

Der Huf ist nicht starr und unbeweglich, sondern verändert bei der Be- und Entlastung seine Form, man nennt dies Hufmechanismus.

Abb. 43. Die Formveränderungen des Hufes.

Folgende Formveränderungen treten ein:

Bei der **Belastung** erweitert sich der Huf in seinen hinteren Abschnitten, am Kronenrand etwas mehr als am Tragerande. Die Erweiterung fängt hinter der weitesten Stelle des Hufes an. Die Größe der Erweiterung ist nach der Hufform verschieden und beträgt höchstens 2—3 mm (Abb. 43).

Vor der weitesten Stelle des Hufes tritt am Kronenrande Verengerung ein, am Tragerande bleibt die Hornwand in Ruhe. Dies ist auch die Stelle, in welche die Hufnägel eingeschlagen werden sollen. Nagelt man zu weit nach hinten, so stellt man den Huf auf dem Eisen fest und hemmt den Hufmechanismus.

Ferner flacht sich bei der Belastung die Sohle etwas ab; die Ballen und der Strahl senken sich um ein Geringes.

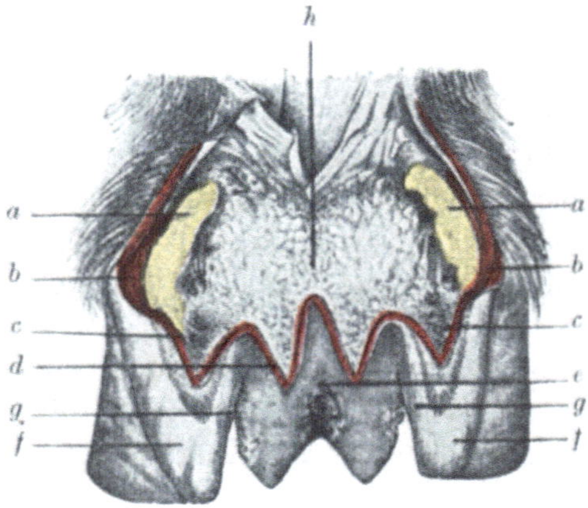

Abb. 44. Querschnitt durch den Huf an den Trachten.
***a* Hufknorpel, *b* Kronlederhaut, *c* Wandlederhaut, *d* Strahllederhaut, *e* Hornstrahl, *f* Hornwand, *g* Hornwandeckstrebe, *h* Strahlpolster.**

Bei der **Entlastung** geht alles in seine frühere Form und Lage zurück.

Damit die Erweiterung und Verengerung des Hufes zustande kommen können, sind ein gesunder, kräftiger Strahl erforderlich, der mit den Trachten in einer Höhe liegt, ferner zwei elastische Hufbeinknorpel und ein gut entwickeltes Strahlpolster.

Die Erweiterung der hinteren Teile des Hufes erfolgt dadurch, daß bei der stärksten Belastung des Schenkels im Momente des Durchtretens im Fessel von oben ein Druck auf das nachgiebige Strahlpolster und von unten ein Druck durch den Erdboden auf den Hornstrahl ausgeübt wird (Abb. 44).

Das Strahlpolster füllt den ganzen hinteren Abschnitt des Hufes aus und liegt mit seinen seitlichen Flächen gegen die innere ausgehöhlte Fläche der Hufknorpel.

Wird das Strahlpolster nun von oben und von unten unter Druck gesetzt, so dehnt es sich nach den Seiten hin aus, drückt auf die innere Fläche der Hufbeinknorpel und diese drücken auf die Trachtenwände des Hufes. Dieselben geben dem Drucke nach und der Huf erweitert sich in seinen hinteren Teilen.

Wird der Schenkel nun durch Abschwung vom Erdboden entlastet, so hört damit auch der Druck auf das Strahlpolster von oben und der Gegendruck von unten auf, und es tritt dann im Hufe wieder Verengerung ein.

So wechseln Erweiterung und Verengerung des Hufes beständig bei der Be- und Entlastung des Schenkels.

Wenn es sich bei diesen Vorgängen auch nur um Erweiterungen von Millimetern handelt, so ist dies doch für den Huf von besonderer Bedeutung.

Das Pferd erhält durch die Erweiterungsfähigkeit des Hufes seinen freien, elastischen Gang, der Stoß wird gebrochen und die Gelenke werden dadurch vor allzu heftigen Erschütterungen bewahrt.

Die gleichmäßige Erweiterung und Verengerung des Hufes wirkt fördernd auf den Blutlauf im Hufe und damit auch auf das Wachstum des Hufhorns.

An unbeschlagenen Hufen geht der Hufmechanismus am besten vor sich, weil dann der Gegendruck vom Erdboden leichter auf den Hornstrahl wirken kann.

Schon das einfache Eisen, besonders aber das Stolleneisen entfernt den Strahl vom Erdboden und behindert dadurch den Hufmechanismus.

Der denkende Beschlagschmied muß den Hufbeschlag stets so einrichten, daß der Huf in seiner Beweglichkeit nicht gehindert wird.

B. Praktischer Teil.

Erster Abschnitt.

1. Die Beschlagschmiede und das Handwerkzeug.

In der Schmiede muß stets auf Ordnung und Reinlichkeit gesehen werden

Wöchentlich mindestens einmal ist gründlich zu reinigen und sind die Fenster zu putzen.

Gutes Licht ist bei Ausführung jeder Arbeit unbedingt erforderlich.

Schmieren der Blasebälge, Einfetten des Leders derselben, Nachsehen der Schmiedeessen muß ebenfalls häufiger erfolgen.

Ein besonderer Wert muß auf die gute Beschaffenheit des Ambosses und der Handwerkzeuge gelegt werden. Nur dann ist der Schmied auch imstande, gute Eisen zu machen und den Beschlag richtig auszuführen.

Beim Einkauf von Werkzeug und Schmiedematerial nehme man nur das Beste. Beim Gebrauch wird sich herausstellen, daß dies sich durch seine Dauerhaftigkeit bezahlt macht.

2. Die Rohmaterialien.

a) Das Eisen.

Das Eisen, aus welchem man die Hufeisen anfertigt, wird aus den Eisenerzen gewonnen. Es enthält verschieden große Mengen von fremden Bestandteilen, durch welche die Güte beeinflußt wird. Der wichtigste Bestandteil ist der Kohlenstoff.

Man teilt das Eisen in:

I. **Roheisen.** Reichlich Fremdkörper. Nicht schmiedbar, spröde, plötzlich schmelzend, mindestens 2,3 % Kohlenstoff (K)

1. Weißes Roheisen.	2. Graues Roheisen.
K. chemisch gebunden.	Ein Teil des K. wird beim Erkalten ausgeschieden.

II. **Schmiedbares Eisen.** Geringe Menge Fremdkörper. Weniger spröde, allmählich erweichend, weniger als 2 % K.

1. Schweißeisen bis 0,5 K.	1. Flußeisen.
2. Schweißstahl über 0,6 K.	2. Flußstahl.
Im nichtflüssigen Zustande erzeugt, schlackenhaltig.	Im flüssigen Zustande erzeugt, schlackenfrei.

Das **Schweißeisen** kommt in Form von Hufstab zur Anwendung.

Der Bruch soll stark sehnig sein, ein inniges Gefüge haben und keine schwarzen Stellen zeigen.

Der Hufstab ist entweder geschmiedet oder gewalzt, der geschmiedete ist stärker und teurer.

Gutes Stabeisen darf an seiner Oberfläche keine Längsrisse und in seinem Gefüge keine Querrisse zeigen. Die Prüfung geschieht am besten durch Biegen, Schmieden usw. Gutes Schmiedeeisen darf weder im kalten noch im warmen Zustande brechen.

Feinkorneisen enthält am meisten Kohlenstoff (0,5 %). Es ist härter, nicht sehnig auf dem Bruch, sondern körnig und findet für Eisen Verwendung, von denen man besondere Haltbarkeit erwartet, z. B. bei einseitiger starker Abnutzung eines Hufeisens infolge schiefen Auftritts.

Das **Flußeisen** eignete sich bis jetzt wegen seiner schweren Schweißbarkeit nicht gut zur Anfertigung von Hufeisen.

Nach einem neueren Verfahren (Siemens-Martin) hat man die Schweißfähigkeit erhöht und eignet sich der aus Flußeisen hergestellte Hufstab wegen seiner Billigkeit und besonderen Haltbarkeit gut zur Anfertigung von Hufeisen. Etwas

Vorsicht verlangt dieser Hufstab bei der Bearbeitung, da er leichter verbrennt. Auch das Einschweißen der Griffe verlangt beim Flußeisen Vorsicht.

Durch Ausschweißen alter Hufeisen erhält man Hufstäbe, aus denen sich Eisen mit guter Haltbarkeit herstellen lassen.

b) Der Stahl.

Stahl ist kohlenstoffreiches Schmiedeeisen mit 0,6—1,5% Kohlenstoff. Eine scharfe Grenze zwischen Eisen und Stahl läßt sich heute nicht mehr ziehen, weil dem Eisen durch Zusatz von Nickel, Mangan, Wolfram auch bei geringem K-Gehalt eine größere Härte erteilt wird. Material mit mehr als 50 kg Festigkeit auf 1 qmm Querschnitt bezeichnet man als Stahl.

Stahl hat eine weißgraue Farbe, einen körnigen Bruch, läßt sich härten, ist schmied- und schweißbar und besitzt eine hohe Politurfähigkeit.

Weicher Stahl ist grobkörnig, harter feinkörnig. Je feinkörniger der Stahl, um so mehr Kohlenstoff enthält er.

Zum Griffen von Eisen nimmt man grobkörnigen, weichen Stahl, zur Anfertigung von Werkzeugen feineren, härteren Stahl und für bohrende Werkzeuge, z. B. Gewindebohrer, sehr feinkörnigen, sog. Tiegelstahl.

Guter Stahl darf nicht schuppig und rissig sein; gut gehärteten Stahl soll eine Feile nicht angreifen.

Beim Einkaufen von Stahl sei man vorsichtig; die Güte ist äußerlich nicht zu sehen. Nur Probieren schützt vor Täuschung.

c) Die Kohlen.

Die für die Schmiedeessen brauchbaren Kohlen sollen von tiefschwarzer Farbe, fest gefügt und glänzend sein, sich leicht entzünden, eine starke Backfähigkeit haben und nur wenig Asche hinterlassen. Von den deutschen Kohlen sind die sog. Nußkohlen für die Schmiedefeuer die geeignetsten. Die Körnung der Kohle richtet sich nach der Esse und dem Gebläse.

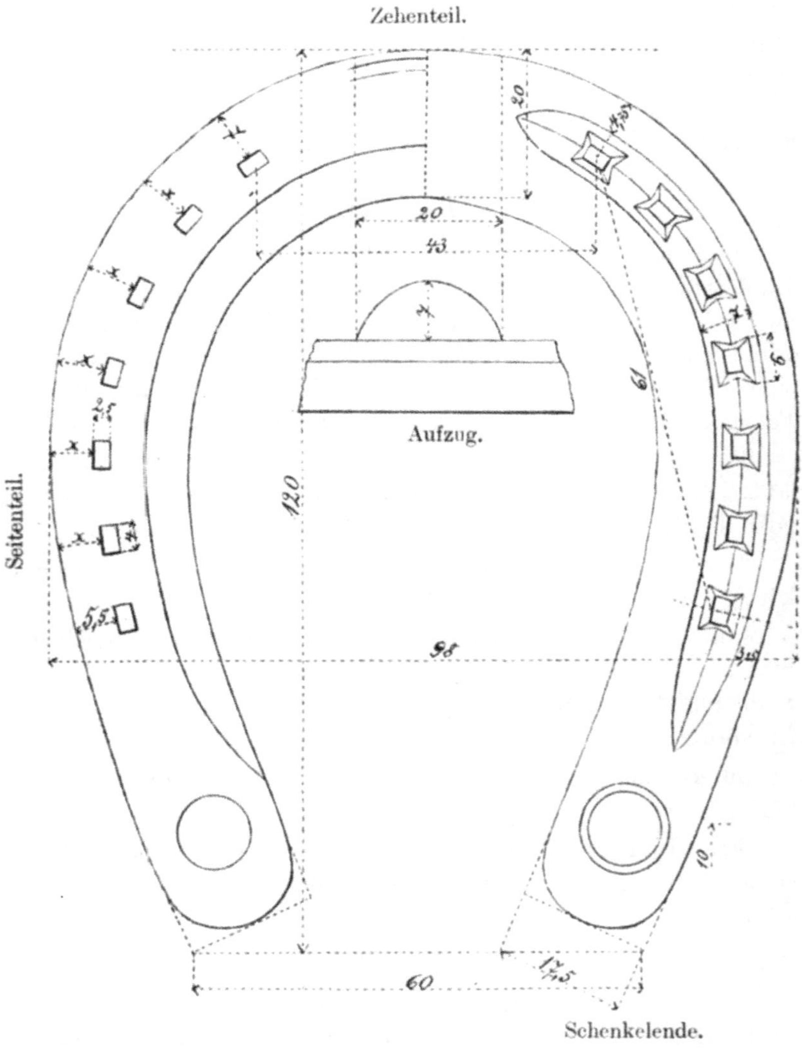

Vordereisen Nr. 1.

Abb. 45.

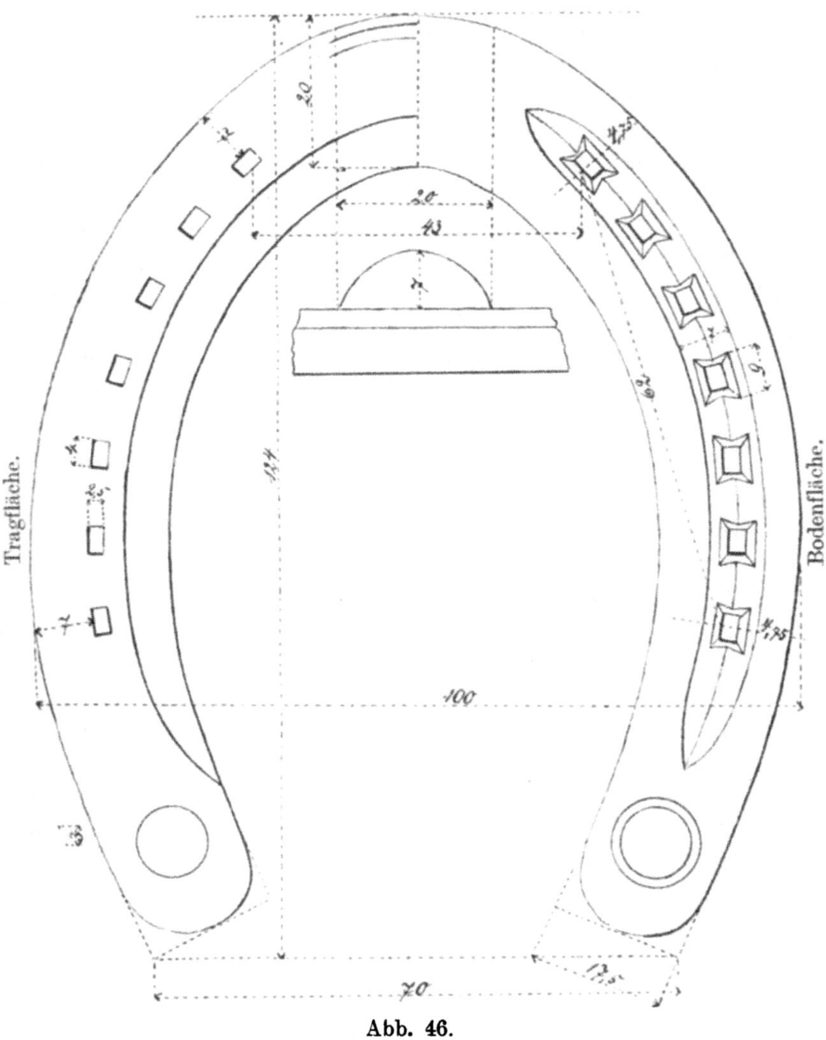

Abb. 46.

3. Hufeisen.

Man unterscheidet am Hufeisen:

1. einen inneren und einen äußeren Schenkel,
2. einen Zehenteil, die beiden Seitenteile und die beiden Schenkelenden,
3. einen inneren und einen äußeren Rand,
4. eine obere oder Tragefläche und eine untere oder Bodenfläche.

In der *Armee* sind je nach der Größe der Hufe 15 Nummern von Hufeisen vorrätig; Nr. 1—13 für die Pferde gewöhnlichen Schlages, Nr. 6—15 mit 2 Zehenlöchern für die Pferde schweren Schlages.

Die Eisen werden in Vorder- und Hintereisen getrennt auf den Kammern vorrätig gehalten (*Vorrats- oder Kammereisen*). (Abb. 45 u. 46.)

Für die einzelnen Größennummern sind verschiedene Abmessungen vorgeschrieben.

Die wichtigsten Maße von Eisen Nr. 1, dem kleinsten, bis Eisen Nr. 13, sind folgende:

1.	Breite an der Zehe . . .	20—34	mm	
2.	Breite am Schenkelende .	17,5—23	,,	
3.	Falz vom äußeren Rande entfernt beim Vordereisen	4,75—7,50	,,	an der Zehe,
		3,25—5,5	,,	am Schenkelende
4.	Falz vom äußeren Rande entfernt beim Hintereisen	4,75—7,5	,,	an der Zehe und am Schenkelende
5.	Auseinanderstellung der Schenkelenden			
	beim Vordereisen	60— 98	mm	
	beim Hintereisen	70—104	,,	
6.	Länge des Vordereisens	120—200	,,	
	,, ,, Hintereisens	124—208	,,	

Die Abmessungen 3—5 sind gewählt nach der verschiedenen Dicke der Hornwand und mit Rücksicht auf die verschiedene Form der Vorder- und Hinterhufe.

7. Die Höhe	des	Aufzuges	schwankt	zwischen	7—13,5	mm
Die Breite	„	„	„	„	20—35	„
Die Dicke	„	Eisens	„	„	10—14,5	„
Die Breite	„	Falzes	„	„	7—9	„
Die Tiefe	„	„	„	„	3—5	„

Für die Pferde schweren Schlages schwankt

die Dicke	zwischen	13	und	15	mm
die Breite an der Zehe . . .	„	25	„	38	„
„ „ am Schenkelende .	„	19	„	25	„

Die Zehennagellöcher stehen 70 mm auseinander. 28 mm Raum muß sein von Mitte Zehenstollenloch zum anderen.

Die Zahl der Nagellöcher bei Nr.	1—2	7 in jedem Schenkel		
„ „ „ „ „ „	3—5	8 „	„	„
„ „ „ „ „ „	6—9	9 „	„	„
„ „ „ „ „ „	10—15	10	„	„

Die vielen Nagellöcher gewähren den Vorteil, die Hufnägel beliebig nach der Beschaffenheit der Hornwand einschlagen zu können.

In den Privatschmieden werden meist in jeden Eisenschenkel nur 3—4 Löcher gemacht (Abb. 47).

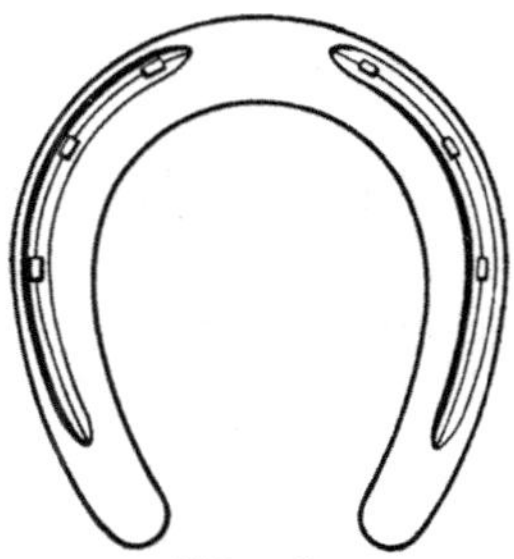

Abb. 47.

4. Die Eigenschaften der Hufeisen.

Beim Schmieden der Eisen muß der Schmied bedacht sein, denselben stets die Form der gesunden Hufe zu geben. Das Eisen für den Vorderhuf muß daher rund, dasjenige für den Hinterhuf spitzrund sein.

Das Hufeisen soll an der Zehe am breitesten sein, weil es sich durch das Anlaufen der Zehenrichtung hier auch am meisten abnutzt.

Nutzen sich Teile am Eisen durch ungleichen Auftritt mehr ab, so macht man beim Neubeschlagen das Eisen an der Stelle etwas breiter, nie aber dicker. **Hufe mit flach gewölbten Sohlen erfordern breitere Eisen.**

Die Eisen müssen in der Regel überall gleichmäßig dick sein. Bei engen, schnell wechselnden Hufen macht man die Eisen etwas dünner; bei weiten, langsam wachsenden Hufen dagegen dicker.

Läßt sich durch die Beschneidung kein planer Auftritt erzielen, so kann man es durch ungleiche Dicke am Eisen erreichen.

Fußt z. B. ein Pferd mit der äußeren Seite früher als mit der inneren, kann man aber an der äußeren Seite kein Horn mehr fortnehmen, so muß zur Erreichung eines planen Auftritts der innere Eisenschenkel dicker geschmiedet werden.

Kammereisen. Eisen für den weiten Huf. Eisen für den engen Huf. Wandneigung nach innen.

Abb. 48. Querschnitte von Eisen.
a = außen, *i* = innen.

Die **Tragefläche** zerfällt bei dem Vorratseisen in den Tragerand und die Abdachung. Ersterer ist $^2/_3$, letztere $^1/_3$ der Breite des Eisens (siehe Abb. 45 u. 46).

Um die Hufe in ihrer gesunden Form zu erhalten und die Hornwand gut zu stützen, wird der Tragerand beim Richten des Eisens für den Huf nach dem Verlauf der Hornwand umgeformt.

Steht die Wand **steil,** bleibt der Tragerand des Hufeisens **wagerecht,** steht dieselbe **schräg** nach **außen,** fällt der Tragerand von **außen** nach **innen** ab; hat die Wand eine Neigung nach **innen,** wie die Trachtenwände beim engen Huf, so fällt der Tragerand nach **außen** ab (Abb. 48).

Die **Abdachung** wird gemacht, damit das Eisen nicht auf die Sohle zu liegen kommt. Bei Hinterhufen ist die Abdachung nicht erforderlich.

Die **Bodenfläche** des Eisens ist wagerecht.

Am Vorderhufeisen wird die Zehenrichtung angebracht; am Hinterhufeisen nur dann, wenn sich das Pferd am alten Eisen eine Zehenrichtung angelaufen hat: alsdann müssen stets auch Stollen zur Anwendung kommen.

Um schwere Eisen leichter zu machen, wird oft die Bodenfläche ausgehauen, ebenso bei Eisen für Rennpferde.

Die **Ränder** des Eisens sind beim Vorratseisen senkrecht. Beim Gebrauchseisen ist der äußere Rand je nach der Hufform verschieden.

Soll ein Huf eine **breitere Stützfläche** erhalten, **so rändert man das Eisen bodenweit** (Abb. 49); soll die Stützfläche **verkleinert** werden, so wird die Änderung **bodeneng.**

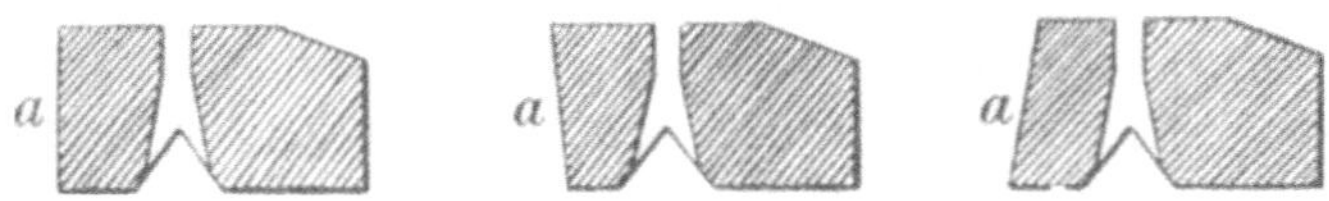

Abb. 49.

senkrechte bodenenge bodenweite
Ränderung der Eisen.
a = außen.

An der inneren Zehe ist das Eisen stets bodeneng zu halten, um ein Streichen zu verhindern.

Die den Huf seitlich überragenden Teile am Schenkelende sind bodenweit zu rändern.

Der innere Rand fällt senkrecht ab.

Der **Falz** ist die Führungslinie für die anzulegenden Nagellöcher.

Er hat zwei schräge Flächen, um das Ansetzen der Hufnägel zu erleichtern. Der Falz ist mindestens $^1/_3$ der Eisendicke tief; $1^1/_2$ Eisenbreite bleiben an der Zehe ohne Falz, ebenso 3—5 cm der Schenkelenden.

Die Gesenke der Nagellöcher haben die Form des Kopfes vom Hufnagel und dringen so tief in das Eisen, daß noch ein guter Nagelkanal bleibt. In letzterem soll die Klinge des Hufnagels überall Fühlung finden; dadurch wird wesentlich das Festliegen der Eisen bedingt.

Der Nagelkanal muß daher im Querschnitt die Form der Hufnagelklinge haben.

Die Richtung der Nagelkanäle ist nach dem Verlauf der Hornwand verschieden.

Die Zehenlöcher müssen schräg nach innen, die Seitenlöcher senkrecht und die Trachtenlöcher etwas nach außen stehen. Wenn die Nagellöcher dort nach innen stehen, wo es der Verlauf der Wand nicht erfordert, so ist das Eisen verlocht.

Unter „Tiefe" der Nagellöcher versteht man die Entfernung der Löcher vom äußeren Rande des Eisens. **Die Tiefe muß der Dicke der Hornwand entsprechen.**

Im Vordereisen befinden sich die Nagellöcher mehr nach vorn, im Hintereisen mehr nach hinten. Durch gut gelochte Eisen beugt der Schmied am besten einer Vernagelung vor und verhindert das so lästige Lockerwerden der Eisen.

Der **Aufzug** dient dazu, dem Eisen auf dem Hufe Halt zu geben und muß dementsprechend stark sein. Er ist meist so hoch, wie das Eisen dick ist. Man unterscheidet Zehen-, Seiten-, Eckstreben- und Trachtenaufzüge.

Seitenaufzüge sollen das Verschieben der Eisen verhindern; werden sie an der äußeren Seite angebracht, so sollen sie dicht vor der weitesten Stelle des Hufes sitzen.

Die Schraubstollenlöcher müssen, 1 cm vom Ende des Eisenschenkels entfernt, genau in der Mitte sitzen und senkrecht durch das Eisen gehen. Ferner muß das Gewinde gut ausgeschnitten sein und die richtige Weite haben. Das Versenk muß ausreichend tief sein.

5. Das Schmieden der Eisen.

Man schmiedet den Hufstab so, daß die für den äußeren Rand des Hufeisens bestimmte Kante dicker bleibt. Nach dem Biegen, Falzen und Lochen ist dann das Eisen gleichmäßig dick.

Nun zeichnet sich man die Mitte an und erwärmt das Eisen. Will man ein Vordereisen anfertigen, so biegt man den Stab, am Ende anfangend, halbkreisförmig und schlägt dann an den inneren Rand die Abdachung. 3—5 cm vom Schenkelende anfangend, falzt man so, daß der Falzhammer stets senkrecht gehalten wird und bis reichlich $^1/_3$ der Eisendicke eindringt. An der Zehe bleiben $1^1/_2$ Eisenbreite ohne Falz. Dann locht man mit dem Hufstempel vor und mit dem Spitzhammer durch, schmiedet glatt und bringt die Nagellöcher mit dem Lochdorn von der Tragefläche des Eisens auf die richtige Weite. Den anderen Schenkel schmiedet man ebenso, nur beginnt das Falzen am Zehenteil.

Bei Anfertigung eines Hintereisens beginnt man mit dem Biegen des Schenkels in der Mitte des Stabes und biegt ihn mehr spitzrund.

Bei Anlegen der Nagelkanäle denkt man an die verschiedene Dicke der Hornwand bei Vorder- und Hinterhufen.

Mit dem Handhammer wird dann der Zehenaufzug angezogen.

6. Die einzelnen Arten der Eisen.

1. Das Stolleneisen. Der Stollen wird entweder angewickelt oder angestaucht, die angestauchten brechen leichter ab.

Derselbe soll für gewöhnlich so hoch sein, wie das Eisen dick ist, er muß senkrecht stehen; eine Linie aus der Mitte des Stollens soll auf das 3. Nagelloch gerichtet sein. Die Kanten müssen leicht gebrochen werden, vordere und hintere Fläche sollen parallel laufen (Abb. 50).

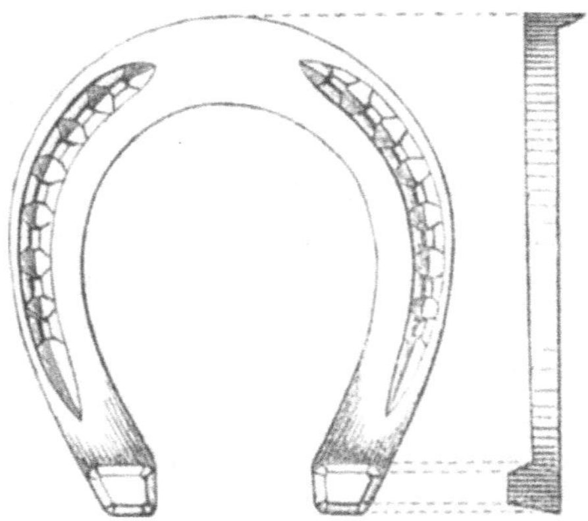

Abb. 50. Stolleneisen.

Stollen werden angewandt:

a) Um den Pferden auf dem Pflaster mehr Halt zu geben und den Abschwung des Hufes vom Boden zu erleichtern.
b) Beim Griffeisen.
c) Beim Hintereisen mit Zehenrichtung.
d) Wenn der Huf für die Stellung zu spitz ist und durch Beschneidung infolge Hornmangels nicht stumpfer gemacht werden kann.
e) In Verbindung mit einem geschlossenen Eisen, wenn der Strahl tiefer liegt als die Trachten.
f) Bei Krankheiten der Gelenke und Sehnen (Schale, Spat, chronische Hufgelenksentzündung).

2. Das Griffeisen. Man schweißt in den Zehenteil ein Stück Stahl ein, der Griff darf nicht höher sein, als das Eisen dick ist; stets müssen gleichzeitig am Eisen Stollen sein, die höher als der Griff sind.

Auf Griffeisen haben die Pferde eine schlechte Stützfläche, weil nur drei Punkte stützen, es treten dadurch leicht Verstauchungen der Gelenke und Zerrungen an den Gelenkbändern ein.

Den Beschlag mit Griffeisen muß man daher nur im Notfall anwenden. Für den schweren Zug im gebirgigen Gelände sind sie besonders im Winter kaum zu entbehren.

Recht gut haben sich die Victoria-Schweißgriffe bewährt, sie haben zwei Zacken und eine gerillte verbreiterte Schweißfläche. Bei richtiger Hitze am Eisen sitzen sie sehr fest. (Ernst Brockhaus, Wiesenthal/Plettenberg i/Westf.).

3. Das Streicheisen. a) Das Vorderstreicheisen. Dasselbe ist an der Stelle, mit welcher sich das Pferd streicht, eingezogen, ohne Falz und Nagelloch und stark bodeneng (Abb. 51).

b) Das Hinterstreicheisen. Der innere Schenkel ist bodeneng geschmiedet, vom letzten Nagelloch an seitlich zusammengedrückt, so daß er so hoch wird wie der äußere Stollenschenkel. Der Streichschenkel muß flacher gelocht sein, da er enger gerichtet wird. Beide Streichschenkel müssen gleich schwer sein (Abb. 52).

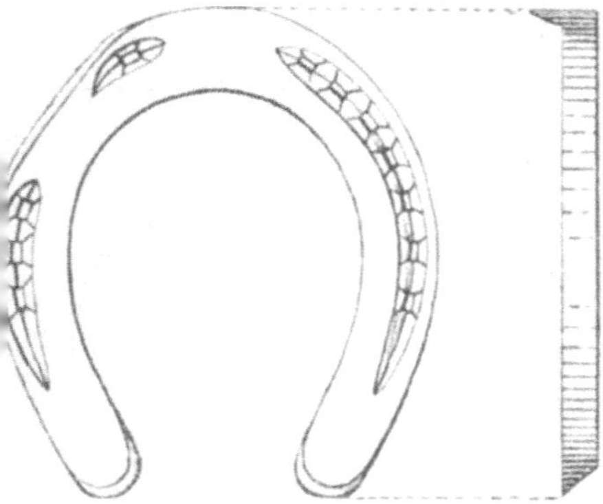

Abb. 51. Vorderstreicheisen.

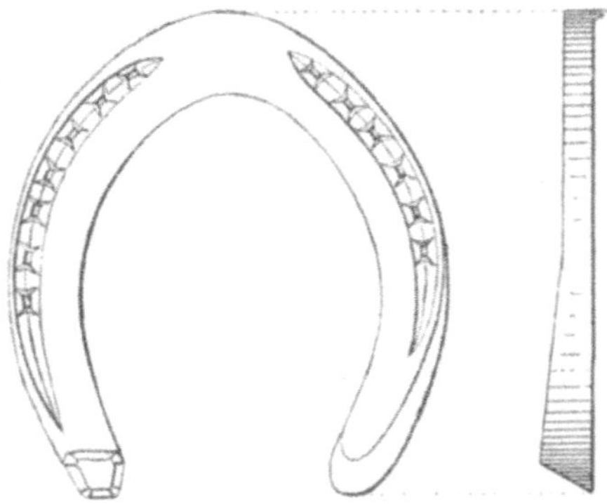

Abb. 52. Hinterstreicheisen.

4. Die Greifeisen. a) Das Vordergreifeisen. Dasselbe ist ein Vordereisen, an dessen Bodenfläche sich eine Abdachung befindet. Die Schenkelenden sind stark bodeneng (Abb. 53).

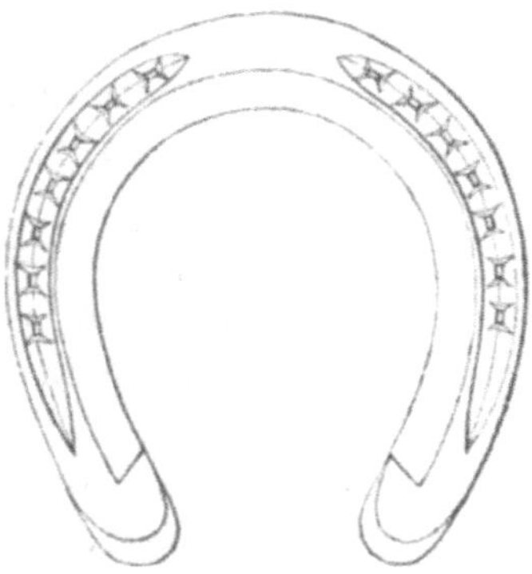

Abb. 53. Vordergreifeisen.

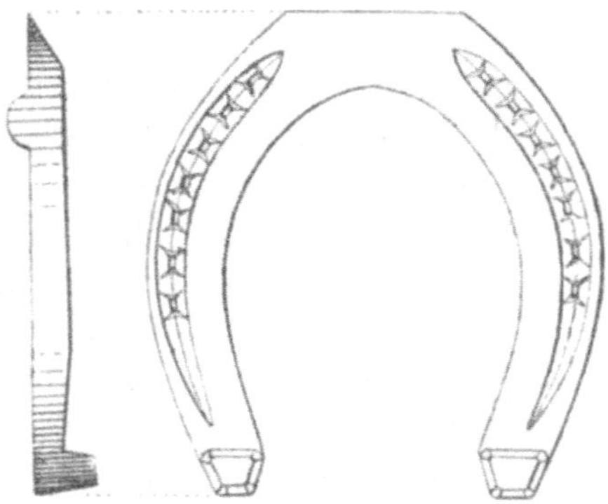

Abb. 54. Hintergreifeisen.

b) Das Hintergreifeisen. Der Zehenteil verläuft gerade und ist stark bodeneng, an der Zehe befinden sich zwei seitliche Zehenaufzüge (Abb. 54). Mit Stollen und Zehenrichtung findet es bei der Spatlahmheit Anwendung.

5. Das geschlossene Hufeisen. Die Schenkelenden sind durch einen Steg verbunden. Derselbe hat ebenso wie das Eisen eine

Trage- und eine Bodenfläche. An der Tragefläche befindet sich eine der Form des Strahles entsprechende Abdachung, die nach hinten stärker wird. Die Bodenfläche ist meist wagerecht. Liegt der Strahl tiefer als die Trachten, so wird der Steg durchgerichtet, alsdann müssen am Eisen Stollen angebracht werden.

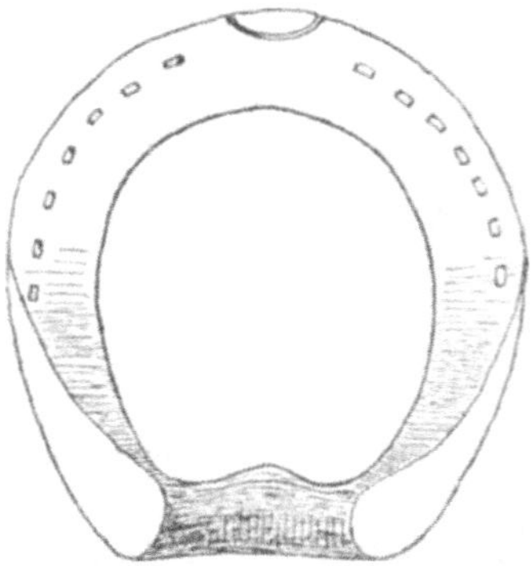
Abb. 55. Geschlossenes Eisen.

Der hintere Rand des Steges ist gerade, der vordere zungenartig ausgezogen, damit der Strahl eine möglichst große Berührungsfläche mit dem Stege hat. Die obere Kante dieses Randes ist gebrochen (Abb. 55).

Das geschlossene Eisen findet bei vielen Hufkrankheiten Verwendung und hat folgende Vorzüge:

a) Es zieht den Strahl mit zum Tragen heran, dadurch können Teile der Hornwand, die empfindlich und schwach sind, entlastet werden.

b) Es verbiegt sich nicht und bedeckt einen größeren Teil der unteren Fläche des Hufes; deshalb kann man es anwenden bei schwachen Trachten, flach gewölbten Sohlen, dünnen Hornwänden.

c) Man kann eine kranke Tracht schweben lassen, wenn der angrenzende Teil des Strahles auf dem Stege eine Stütze findet (bei Steingallen).

d) Man kann einen Strahl, der tiefer liegt als die Trachten, allmählich wieder in seine natürliche Lage zurückbringen.

Das geschlossene Eisen kann nur dann mit Erfolg Anwendung finden, wenn der Strahl gesund und kräftig entwickelt ist. Zwischen Strahl und Steg muß sich eine kleine Schwebe befinden, damit der Strahl nur bei der Belastung aufliegt.

6. Halbmond- und Dreivierteleisen. Das halbmondförmige Eisen ist ohne Falz, kürzer und dünner als das gewöhnliche Eisen, hat 4 Stempellöcher und eine Abdachung an der Bodenfläche. Die Schenkelenden sind abgeschärft (Abb. 56).

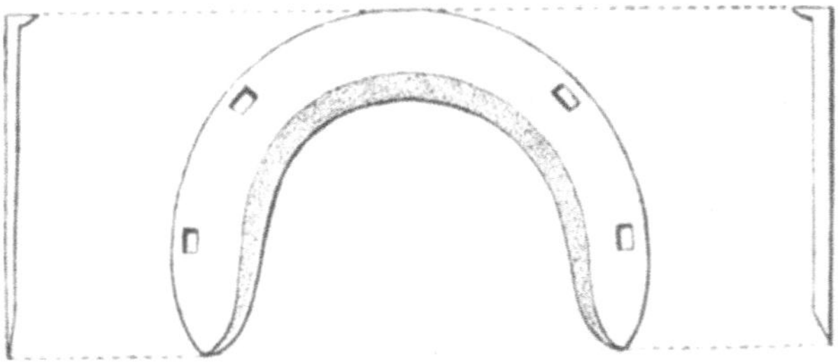

Abb. 56. Halbmondeisen.

Das Eisen bedeckt nur die Zehe, schützt diese vor zu starker Abnutzung und läßt den hinteren Teilen des Hufes die Vorzüge des Barfußgehens zugute kommen. Der Beschlag mit solchen Eisen erfordert **viel Horn** und **hohe Trachten,** da die **Halbmonde** in den Tragerand des Hufes **eingelassen** werden.

Anwendung finden diese Eisen besonders bei jungen Pferden als erster Beschlag, ferner bei Hufkrankheiten, wie Strahlfäule, Steingallen, Hornspalten, Zwanghufen.

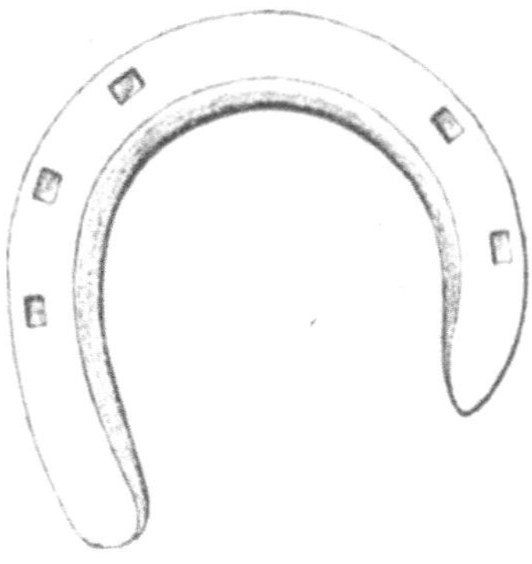

Abb. 57. Dreivierteleisen.

Die Dreivierteleisen kommen besonders bei einseitig kranken Hufen, z. B. bodenengen, bodenweiten und diagonalen Hufen, zur Anwendung, indem man den **halben Schenkel** stets auf die **steile Seite** des Hufes legt. Im übrigen gilt das beim Halbmondeisen Angeführte (Abb. 57).

7. Die Fabrikeisen. In der neueren Zeit ist die Technik in der Anfertigung von Fabrikeisen sehr fortgeschritten. Man erhält von den Fabriken Eisen, getrennt in Vorder- und Hintereisen, die gut gefalzt und leidlich gelocht sind. In großen Hufbeschlagschmieden wird der Verbrauch von Fabrikeisen wohl nicht mehr zu umgehen sein.

Ein gut geschmiedetes Eisen ist einem Fabrikeisen stets vorzuziehen.

Von den Fabrikeisen sind in den Großstädten besonders die Strickeisen in Gebrauch.

Sie verhindern das Ausgleiten auf glatten asphaltierten Straßen.

Da die Strickeisen sich nicht so genau anpassen und richten lassen wie geschmiedete Eisen, so eignen sie sich meist nur für gesunde Hufe. Man hat Strickeisen mit und ohne Steg. Ist der Nagelkanal bei diesen Eisen nicht gut, so lockern dieselben sich leicht. Diejenigen Strickeisen sind vorzuziehen, die durch aufgelegte Querrippen ungefähr einen Nagelkanal haben wie ein geschmiedetes Eisen.

7. Der Winterbeschlag.

Um das Ausgleiten zu verhüten, kommen im Winter bei Schnee und Glatteis die Schärfvorrichtungen zur Anwendung.

Folgende Vorrichtungen sind in Gebrauch:

1. Die Eisnägel. Dieselben sind eine Notschärfe und können nur bei einer gleichmäßigen Schneedecke gebraucht werden. Bei Glatteis läuft sich die Schärfe schnell ab. Die Eisnägel werden meist an Stelle der Zehennägel geschlagen.

2. Die Schraubstollen. Diese sind die besten Schärfvorrichtungen für den Winter.

Man unterscheidet:

a) Den Meißelstollen. Derselbe hat sich im allgemeinen gut bewährt. Um Kronentritte zu vermeiden, schraubt man zweckmäßig innen H-Stollen ein. Ein Nachteil des Meißelstollens gegenüber dem H-Stollen ist, daß er sich mit seinen quadratischen, fest aufliegenden Schultern nicht so fest in das

Schraubstollenloch eindrehen läßt wie der am Gewinde konische H-Stollen (Abb. 58 und 59).

Wichtig ist, daß die Stollen in den Schraubstollenlöchern festsitzen. Dies ist nur zu erreichen, wenn die Gewinde im Schraubstollenloch gut ausgeschnitten sind und das Gewinde des Stollens in dieses Muttergewinde paßt.

Für die Truppe ist das 12 und 13 mm-Gewinde eingeführt. Die Werkzeuge, mit denen die Schraubstollen und die Schraubstollenlöcher in den Eisenschenkeln hergestellt werden, müssen genau den Vorschriften entsprechen und aus bestem Material angefertigt sein. Nur dadurch ist es zu erreichen, daß alle Stollen passen.

Die Herstellung des Schraubstollenloches im Eisenschenkel erfolgt mit dem Lochhammer, dem Versenkhammer, dem Dorn und dem Gewindebohrer. Da die Bohrer beim Gebrauch

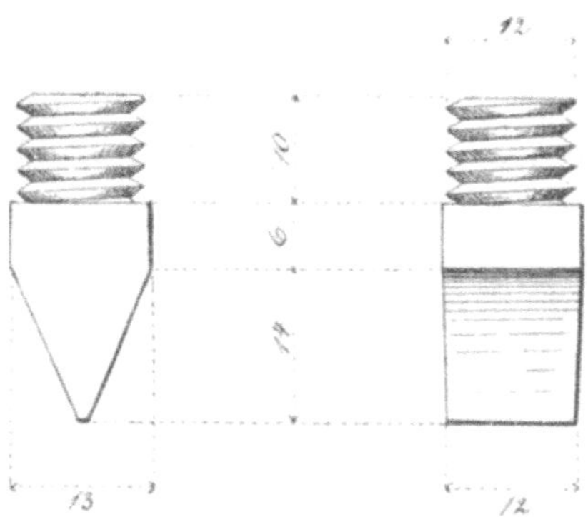

Abb. 58. Abb. 59.
Schraubstollen.

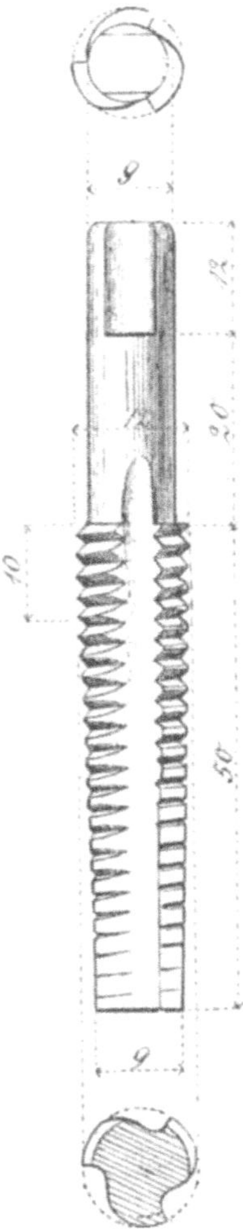

Abb. 60.
Gewindebohrer.

sich etwas abnutzen, so nimmt man sie aus praktischen Gründen etwas stärker als 12 mm, etwa 12,1 mm (Abb. 60 und 61) bzw.

13,0 und 13,1 mm. Die geschnittenen Löcher haben dann meist 12 mm im Durchmesser und nehmen den Stollen gut auf. Zweckmäßig schneidet man mit einem schon etwas abgenutzten Bohrer vor und mit einem neuen nach. Der Gewindebohrer muß aus bestem Tiegelgußstahl hergestellt sein und die vorgeschriebenen Abmessungen haben.

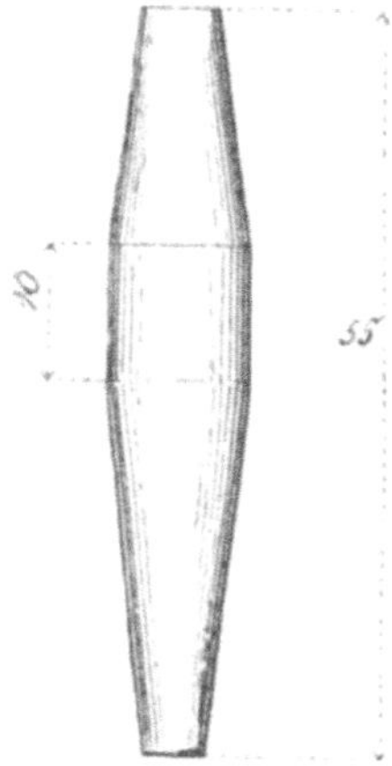

Abb. 61. Dorn.

Bei der Truppe muß der Beschlagschmied Schraubstollen selbst anfertigen können. Hierzu braucht er die Schlichtleere, den Schlichthammer, den Gewindeschneider, das Windeeisen und 13 mm □ starken Stahlstab. Derselbe wird weißwarm gemacht und dann mit dem Handhammer auf der vorderen Amboßkante gut zugeschärft. Hierauf wird der Stab in die Schlichtleere gelegt, so daß die Schneide an dem vorderen Blatt der Leere anliegt. Mit dem Schlichthammer wird nun bei andauerndem Drehen des Stabes der Zapfen abgeschlichtet, dann die Schneide noch etwas nachgeschärft und nun der Stollen am Zapfen mit einem scharfen Schrotbeil abgehauen. Den Stollen läßt man abkühlen und schneidet dann mit dem Gewindeschneider das Gewinde an. Bei einiger Übung ist es nicht schwer, in kurzer Zeit passende Schraubstollen anzufertigen.

Abb. 62. Schraubstollen nachgeschärft.

Der Schraubstollen paßt, wenn die ersten Gewindegänge desselben sich saugend in das Muttergewinde eindrehen lassen und der Stollen dann unter Anwendung des Schraubenschlüssels einen festen Sitz erhält.

Der Schraubstollen muß stets senkrecht stehen, da er sonst leicht abbricht. Das Loch im Eisenschenkel muß genau in der Mitte sitzen, ungefähr 1 cm vom Schenkelende entfernt und muß an der Bodenfläche ein Versenk haben, damit die Schultern des Stollens gut aufliegen und das Eindrehen der Stollen im abgenutzten Eisen erleichtert wird. Stumpf gewordene Stollen werden mit der Hohlmaulzange erfaßt, im Feuer erwärmt und, wie die Abbildung angibt, nachgeschärft (Abb. 62).

b) Den Profilstollen. Derselbe soll beim Gebrauch scharf bleiben und die Gefährlichkeit der Kronentritte mildern. Man hat H-, Z-, Y-, Winkel- und Hohlkehlstollen. Besonders die H-Stollen haben sich in den Kriegsjahren sehr gut bewährt; **da sie am Kopf konisch sind, lassen sie sich auch weiter in den Eisenschenkel eindrehen und sitzen daher fester.**

Die Profilstollen können nicht von den Schmieden selbst angefertigt werden.

In den Privatschmieden werden alle Schraubstollen aus den Fabriken bezogen und dann in rotwarmem Zustande durch Einstecken in nassen Sand am Kopf gehärtet.

Die Gewindebohrer sind in den Abmessungen nach engl. Zoll vorhanden. Meist braucht man $^1/_2$ Zoll engl. Whitworth-Gewinde, ungefähr 12,7 mm. Auch das Reichsheer beabsichtigt, für alle Hufeisen ein einheitliches Gewinde einzuführen und wird wohl nur das $^1/_2$zöllige 12,7 mm-Gewinde in Frage kommen. Stollen und Gewindebohrer mit diesem Gewinde sind überall zu haben. Das $^1/_2$zöllige 12,7 mm-Gewinde gehört zur einheitlichen Schraubentabelle nach Whitworth.

3. Auswechselbare Steckgriffe. Dieselben kommen besonders bei den Hintereisen zur Anwendung. Die Eisen sind an der Zehe etwas dicker. Die Herstellung von Steckgriffeisen erfordert besondere Geschicklichkeit. Das Steckgriffloch muß von der Boden- zur Tragefläche etwas enger werden, konisch verlaufen; es muß etwas kleiner sein als der Griffzapfen selbst, damit letzterer festsitzt.

Man hat Steckgriffe mit folgenden Formen:

Zweiter Abschnitt.

Die Ausführung des Beschlages.

1. Die Beurteilung des Pferdes.

Damit der Hufbeschlag sachgemäß ausgeführt werden kann, ist zuvor eine Beurteilung des Pferdes mit Rücksicht auf den Gebrauchszweck, auf die Stellung, die Hufform und den alten Beschlag nötig.

Folgende Reihenfolge hat sich hierbei praktisch bewährt. Man besichtigt:

A. Das auf ebenem Boden stehende Pferd.

1. Von der Seite.
   a) Stellung der Gliedmaße.
   b) Paßt der Huf zur Stellung.
   c) Hufform (ob gesund oder krank).
   d) Größe der Hufe zur Größe des Pferdes und zueinander.
   e) Das Hufeisen (Länge desselben, Nagelung).

2. Von vorn.
   a) Stellung der Gliedmaße.
   b) Paßt der Huf zur Stellung.
   c) Form der Hufe (ob gesund oder krank).
   d) Größe der Hufe zueinander.
   e) Das Hufeisen (Weite, Zehenrichtung, Aufzug).

3. Von hinten.
   a) Paßt der Huf zur Stellung.
   b) Verlauf der Trachtenwände, Lage der Ballen.
   c) Weite des Eisens.
   d) Streichwunden und Streichballen.

B. Das auf ebenem Boden gehende Pferd.

a) Ob Lahmheit vorhanden.
b) Auftritt, Bewegung der Schenkel.
c) Schritthöhe und Schrittlänge.

C. Den Huf von unten und das Eisen.

1. Den Huf,
   a) Hufform, Wölbung der Sohle, totes Horn.
   b) Verlauf und Höhe der Exkstreben.
   c) Lage des Strahles zu den Trachten.
   d) Hufknorpel (ob elastisch).
2. Das Eisen.
   a) Form desselben.
   b) Breite, Dicke, Weite, Länge und Ränderung.
   c) Zehenrichtung und Abnutzung.
   d) Verteilung der Nägel.

2. Das Aufhalten der Pferde zum Beschlagen.

Bevor der Beschlagschmied mit dem Aufhalten des Pferdes beginnt, überzeugt er sich, ob es eine gute Halfter aufhat, nicht zu kurz angebunden ist und ob sich die Befestigung leicht lösen läßt.

Dann trete er ruhig an das Pferd heran, klopfe es mit der Hand und zeige sich stets als ein Freund des Pferdes.

Junge Tiere müssen sich erst an das Beschlagen gewöhnen. Hier ist große Ruhe und Besonnenheit nötig. Wenn die jungen Pferde in der Schmiede durch rohe Behandlung verdorben werden, sind denselben später nur mit Zwangsmitteln Eisen aufzuschlagen. Das Beschlagen wird alsdann Schmied und Pferd zum Schrecken.

Der Schmied versuche, die Füße des Pferdes möglichst allein hochzuhalten, besonders gilt dies von den Vorderfüßen. Alle zum Beschlagen nötigen Handgriffe sind bequemer auszuführen. Auch bei den Hinterfüßen gelingt das Selbsthochhalten fast immer.

In welcher Weise es zu erfolgen hat, zeigen die Abbildungen (Abb. 63 und 64).

Junge Pferde hält man nicht zu lange hoch, es stellt sich sonst leicht Unruhe ein.

Alten und steifen Pferden hebt man die Füße nicht zu hoch, praktisch läßt man die Tiere sich gegen eine Wand stützen. Oft stehen steife Pferde besser, wenn man die Hintergliedmaßen von innen hochhebt. Der Aufhalter steht dann nicht außen am Hinterschenkel, sondern zwischen den Hinterbeinen.

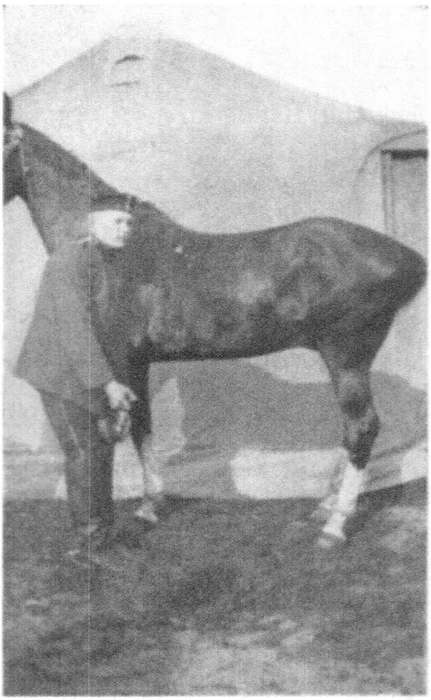

Abb. 63.

Abb. 64.

Kitzlige Pferde muß man dreist anfassen. Es ist zweckmäßig, nicht erst viel an der Gliedmaße herumzustreicheln, sondern nach Anrufen des Pferdes gleich den Fuß anzufassen und hochzuheben. Bei einzelnen Pferden legt sich der Hautkitzel, wenn man langsam von oben nach unten an der Gliedmaße mit der Handfläche hinunterstreicht.

Ängstliche Pferde werden durch die vielen Geräusche in der Schmiede meist aufgeregt. Man beschlägt dieselben am besten früh morgens, wenn es ruhig in der Schmiede ist oder außerhalb derselben im Freien bzw. im Stalle.

Solche Pferde **bindet man nicht an,** sondern stellt einen Mann an den Kopf, der mit dem Tiere spricht und es vom Beschlaggeschäft abzulenken versucht. Futter vorhalten ist ebenfalls zu empfehlen.

Widerspenstige und bösartige Pferde zu beschlagen, erfordert besondere Umsicht und Besonnenheit; gilt es doch, sowohl Schmied als auch Pferd vor Beschädigung zu schützen.

Ist die Schmiede nicht sehr geräumig, so nimmt man das Beschlagen am besten außerhalb derselben auf weichem Boden vor. Durch knappes Futter am Tage zuvor sowie anstrengende Arbeit vor dem Beschlagen kann man solche Pferde williger machen.

Man legt dem Pferd eine Trense auf und stellt an den Kopf einen beherzten Mann. Unarten werden energisch bestraft durch Ruck mit der Trense und Rückwärtstreten auf weichem Boden. Zum Aufhalten der Hinterfüße benutzt man zweckmäßig ein langes Handtuch, das zwischen Fesselgelenk und Huf um die Gliedmaße gelegt und dann einige Male gedreht wird. Alsdann hebt man mit dem Handtuch den Huf langsam empor.

Ein Kappzaum leistet oft sehr gute Dienste; nach mehrmaligem kräftigen Ruck mit den Zügeln stehen die Pferde wie betäubt. Ähnlich wirkt eine gute Strickbremse um die Oberlippe. Alle anderen Zwangsmittel sind verwerflich.

Für sehr bösartige Pferde ist der Notstand erforderlich.

Gute Dienste soll auch das Brust-Rücken-Schweif-Fesselband von Döring leisten.

3. Die Abnahme der alten Eisen.

Die alten Niete werden vorsichtig gelöst, das Eisen mit der Nietklinge gelüftet und dann die Hufnägel einzeln herausgezogen, wobei die linke Hand den Huf an der Zehe stützt. Die alten Nägel wirft man nicht in die Schmiede, sondern in einen Kasten.

Alte sitzengebliebene Nagelstifte werden entfernt, da dieselben leicht beim Aufnageln des neuen Eisens gegen die Fleischteile gedrängt werden und hier eine Entzündung hervorrufen können.

Das alte abgenommene Eisen sieht sich der Schmied genau an. Die Stellen, welche am Hufe zu hoch gewesen sind, sind am Eisen am meisten abgenutzt. Ferner sieht man am alten Eisen Länge, Stärke und Sitz der Zehenrichtung an, **um dieselbe am neuen Eisen ebenso wieder anzubringen.**

4. Die Zubereitung der Hufe.

Die Zubereitung der Hufe erfordert die meiste Sachkenntnis und Überlegung.

Erforderlich sind eine scharfe Raspel, ein Rinnmesser und bei sehr hornreichen Hufen eine Hauklinge.

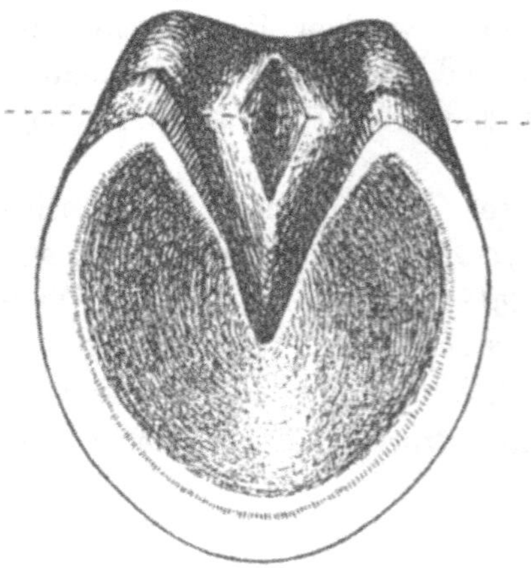

Abb. 65.

Folgende Grundätze sind zu beachten:

1. Wenn ein Huf kleiner ist als der andere, so muß der Schmied den kleineren zuerst beschneiden und dann die Beschneidung des anderen, wenn nicht besondere Gründe vorliegen, danach einrichten.
2. Man mache einen Huf nie zu klein.
3. Man lege einen breiten Tragerand an.
4. Man schone besonders die Sohle, den Strahl und die Glasurschicht (Abb. 65).
5. Konvex verbogene Wandabschnitte erniedrige man von unten, konkav verbogene beraspele man von oben.

6. Man suche durch die Beschneidung zu erreichen, daß alle Teile des Tragerandes **gleichzeitig den Boden berühren,** denkend an Auftritt und Größe der Hufe.
7. Der Huf muß zur Stellung passend gemacht werden.

Zunächst bricht man die äußere, scharfe Kante mit der Raspel, nimmt dann vorsichtig **nur** das tote, abgestorbene Horn aus der Sohle, erniedrigt die Eckstreben in der Querrichtung der Hornfasern bis zur halben Höhe des Strahles und bis die weiße Linie deutlich als Begrenzung der Eckstrebe hervortritt.

Der Grund des gesunden Strahls muß in einer Höhe und Querrichtung mit den Trachten liegen, die Spitze etwas höher als der Tragerand. Lose Hornteile am Strahl entfernt man.

Der Tragerand besteht bis zur weitesten Stelle des Hufes aus der Hornwand, der weißen Linie und dem äußeren Rande der Hornsohle; hinter der weitesten Stelle nur aus Wand und weißer Linie.

Bei aufgehobenem Fuße soll der Tragerand bei schräg nach außen stehenden Wänden **etwas** schräg nach außen, an den steil stehenden Wänden wagerecht verlaufen. **Stets soll der Tragerand mit allen Teilen in einer Ebene liegen.**

Die **weiten Hufe** sind niedrig, man darf den Tragerand nicht zu sehr kürzen. Die äußere Kante der sehr schräg stehenden Hornwand muß man etwas mehr brechen. Aus der Sohle nimmt man nur das tote Horn um den Strahl herum vorsichtig etwas mehr fort, damit starre Hornmassen in der Sohle den Huf am Tragerand nicht noch mehr erweitern. Die Eckstreben erniedrigt man etwas mehr. **Breiter Tragerand.**

Die **hohen, engen Hufe** müssen mehr erniedrigt werden, aus der Sohle nimmt man weniger von dem toten Horn fort, damit der Huf am Tragerand nicht noch enger wird. Die Eckstreben sind zu schonen.

Um einen planen Auftritt zu erreichen, ist beim bodenengen Hufe die steile äußere, beim bodenweiten Hufe meist die steile innere Seite mehr zu kürzen.

Bei **spitzen Hufen** wird die Zehe zu lang. Die Fessellinie stellt sich dann steiler als die Zehenlinie. Man muß alsdann die Zehe kürzen mit einem Schnitt, der vor den Trachten dünn anfängt und nach der Zehe allmählich dicker wird.

Fußt das Pferd auffallend mit den Trachten, so kürzt man die Zehe durch Beraspeln von oben, besonders wenn sie konkav verbogen ist.

Bei **stumpfen Hufen** werden die Trachten zu hoch, Die Fessellinie verläuft dann schräger als die Zehenlinie. Man muß die Trachten kürzen.

Die Beschneidung der **diagonalen Hufe** richtet sich danach, mit welcher Grundform die diagonale Umformung verbunden ist, ob regelmäßig-diagonal oder bodeneng-diagonal, ob mit spitzer oder mit stumpfer Winkelung. Zur Begutachtung, welche Teile am Hufe zu hoch sind, ist oft ein mehrmaliges Vorführen des Pferdes erforderlich.

Meist sind die innere Tracht und die angrenzende Seitenwand zu hoch und müssen diese daher mehr erniedrigt werden.

Bei **bodenengen Hufen** mit diagonaler Umformung ist die äußere Tracht meist zu hoch und muß mehr gekürzt werden.

5. Das Richten des Hufeisens.

Zum Richten muß das Eisen gleichmäßig rotwarm gemacht werden, alsdann wird es nach der Form des Hufes gebogen und genau in der Mitte des Zehenteils der Aufzug angezogen.

Folgende Punkte sind nun zu beachten:

1. Beim Aufpassen kommt der Aufzug stets in Verlängerung der Strahlspitze vor die Mitte des Hufes.

2. Der Tragerand des Eisens erhält bei gesunden Hufen und bei schräg nach außen stehenden Wandabschnitten eine Neigung nach innen, bei steilen Wänden ist er wagerecht, bei schräg nach innen stehenden Wänden hat er eine Neigung nach außen.

3. Soweit die Wände schräg stehen, ist das Eisen so weit wie der Huf, von der weitesten Stelle des Hufes nach hinten überragt das Eisen seitlich den Huf um einige Millimeter.

Haben die Trachten eine **starke Neigung nach innen,** so werden die Schenkelenden **nach dem Verlauf der Krone** gerichtet.

4. Die Schenkelenden müssen die Trachtenecken decken, gleich weit von der Mitte des Strahles entfernt sein und den Strahl frei lassen. Sind die Trachtenwände nach innen verlagert und die Schenkelenden nicht breit genug, um die Trachtenecken ganz zu decken, so muß man die Schenkelenden künstlich breiter machen durch Anstauchen oder durch Absetzen (Abb. 66).

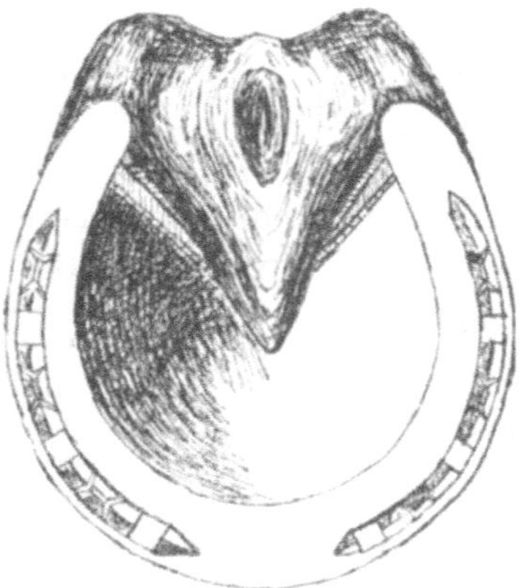

Abb. 66. Beschlagener Vorderhuf.

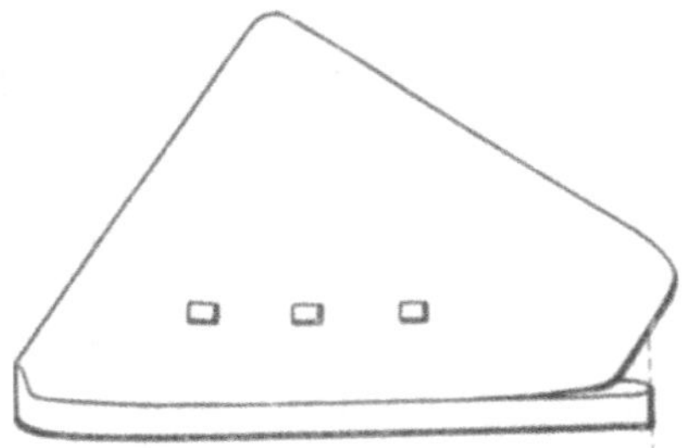

Abb. 67. Die Länge des Eisens.

5. Die Länge des Eisens richtet sich nach der Hufform und vor allem auch nach dem Gebrauchszweck des Pferdes. In den meisten Fällen reichen die Schenkelenden bis zu einer Senkrechten von der halben Höhe der Trachtenwand (Abb. 67). **Müssen die Pferde in schneller Gangart auf weichem Boden gehen, z. B. während der Exerzierperiode, bei den Herbstübungen, Jagden und Rennen, so werden die Eisen kürzer und enger gemacht und schneiden meist mit den Trachtenecken ab.**

6. An den am meisten belasteten Teilen der einzelnen Hufe muß die Stützfläche durch Weiter- und Längermachen der Eisen vergrößert werden.

7. Die Bodenfläche des Eisens muß wagerecht sein.

8. Um den Pferden das Überheben der Last über die Zehe zu erleichtern, erhalten die Vordereisen eine Zehenrichtung.

9. Die Nagellöcher müssen die weiße Linie decken.

10. Die innere Zehe ist zur Verhütung des Streichens stets bodeneng zu halten.

Das Eisen wird nun mehrmals vorsichtig auf den Tragerand des Hufes aufgebrannt, bis eine innige Verbindung von Huf und Eisen erreicht ist.

Verschieben sich die Eisen leicht nach innen, so bringt man am Eisen außen einen Seitenaufzug an, der an der weitesten Stelle des Hufes liegen muß. Tritt ein Verschieben nach außen ein wie bei X-beiniger Stellung, so erhält das Eisen an der inneren Seite einen Aufzug, der zur Verhütung des Streichens gut in die Hornwand eingelassen werden muß.

Die Eisen für die einzelnen Hufformen.

Das Eisen für den regelmäßigen Huf. Tragerand an der Zehe und an den Seitenteilen mäßig schräg von außen nach

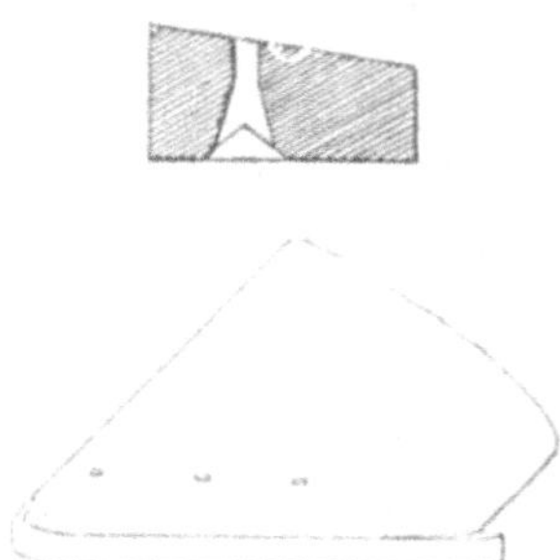

Abb. 68. Regelmäßiger Huf.

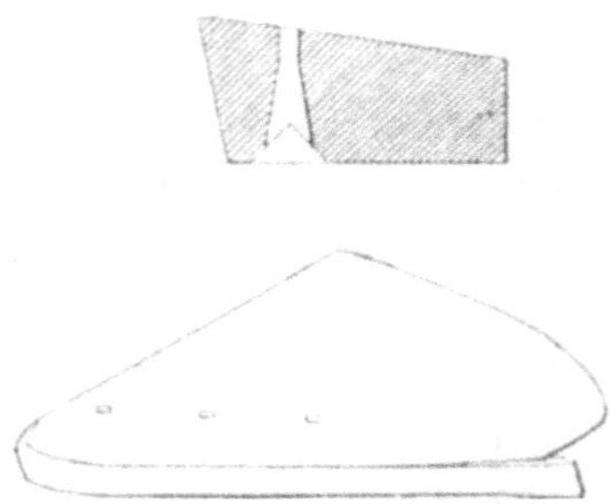

Abb. 69. Spitzer weiter Huf.

innen, an den Schenkelenden wagerecht. Ränderung senkrecht (Abb. 68). Schenkelenden 4 bis 5 mm länger als die Trachten. Aufzug mäßig in die Hornwand eingebrannt, Zehenrichtung mittelstark.

Das Eisen für den engen Huf. Tragerand nur an der Zehe hinter dem Aufzug mäßig schräg nach innen abfallend, an den anderen Teilen wagerecht. Ränderung bodenweit am äußeren Eisenschenkel und den Schenkelenden. Die Lochung des Eisens ist flach (Abb. 70).

Das Eisen für den weiten Huf. Tragerand, soweit die Wand schräg steht, stark nach innen abfallend. Ränderung bodeneng. Die Lochung ist tief und mehr nach hinten verteilt (Abb. 69).

Das Eisen für den halbeng-halbweiten Huf. Für die weite Seite wie beim weiten, für die enge Seite wie beim engen Huf angegeben.

Das Eisen für den spitzen Huf. Ränderung an der Zehe bodeneng, die Schenkel sind länger als beim Eisen für den regelmäßigen Huf und enden bodenweit (Abb. 69). Der Aufzug liegt in der Zehenwand. Zehenrichtung ist stark.

Das Eisen für den stumpfen Huf. Ränderung an der Zehe bodenweit, die Schenkel sind kürzer und enden bodeneng (Abb. 70). Der Aufzug liegt auf der Zehenwand, Zehenrichtung ist gering.

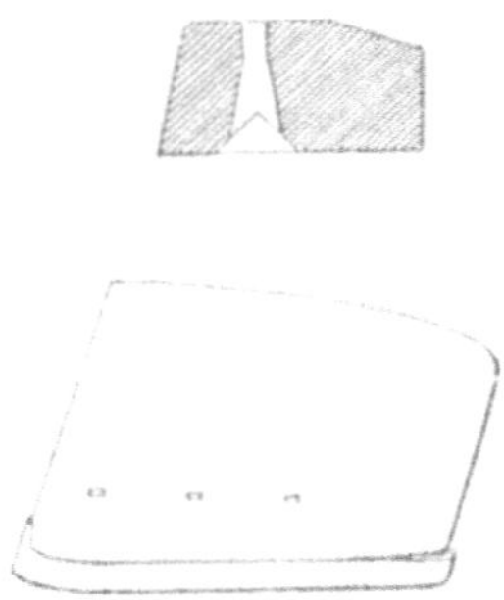

Abb. 70. Stumpfer enger Huf.

Das Eisen für den Huf der bärenfüßigen Stellung. An der Zehe ist das Eisen wie für einen stumpfen, an den Schenkelenden wie für einen spitzen Huf; außerdem erhält das Eisen starke Zehenrichtung und Stollen.

Das Eisen für den diagonalen Huf. a) Mit regelmäßiger oder bodenweiter Grundform. Der Tragerand richtet sich nach der Grundform des Hufes. Da die Last mehr auf die innere Tracht und die äußere Zehe fällt, so ist die Ränderung an der äußeren Zehe bodenweit, der innere Schenkel ist nach dem Verlauf der Krone gerichtet, lang, weit und bodenweit gerändert.

b) Mit bodenenger Grundform. Da die Last nur auf die äußere Tracht fällt, so ist der äußere Eisenschenkel lang, weit und bodenweit gerändert.

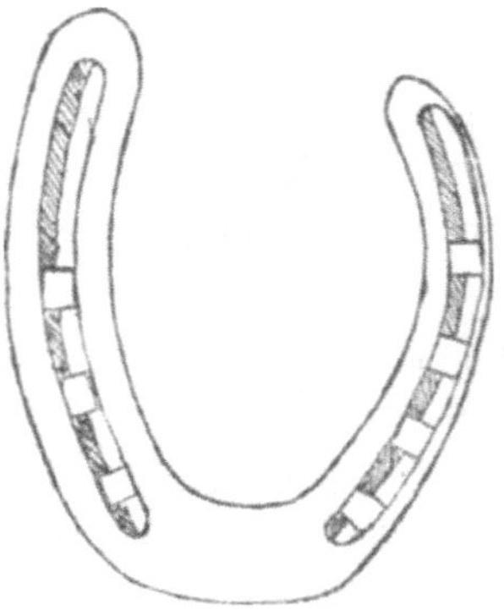

Abb. 71. Eisen für einen stark bodenengen Huf.

Diese letztere Hufform kommt häufig bei schweren Arbeitspferden an den Hintergliedmaßen vor. Die Pferde fußen stark mit der äußeren Seite und nutzen daher den äußeren Eisenschenkel bedeutend schneller ab als den inneren.

Zweckmäßig macht man alsdann den äußeren Eisenschenkel viel breiter, weiter und länger, rändert stark bodenweit und locht tiefer. Sollen diese Pferde mit Griffeisen beschlagen werden, so ist der Griff etwas auf die äußere Zehe zu setzen und die äußere Griffkante niedriger zu machen (Abb. 71).

7. Das Aufnageln der Hufeisen.

Die Befestigung der Eisen auf den Huf erfolgt mit den Hufnägeln.

Die Hufnägel werden aus bestem Siemens-Martin-Flußeisen mit besonderer Zusammensetzung, das weich und dabei zähe ist, hergestellt und kommen in verschiedenen Längen in den Handel.

Man teilt den Hufnagel ein in Kopf, Klinge und Zwicke.

Nach der Form des Kopfes unterscheidet man

1. den deutschen Hufnagel (besonders für Stempeleisen),
2. den Falzhufnagel,
3. den Reichshufnagel, für Stempel- und Falzeisen, sie haben sich sehr gut bewährt.

Der Kopf hat zwei schräge Flächen, die sich den schrägen Flächen des Falzes anpassen müssen.

Die Klinge muß doppelt so breit wie dick und etwas nach außen durchgerichtet sein (Abb. 72); gerade verlaufende Nägel gehen beim Einschlagen krumm durch die Hornwand und drücken dann leicht gegen die Fleischteile. Die Kanten der Klinge sind an der Seite, die den Fleischteilen zugerichtet ist, leicht gebrochen.

An der Spitze befindet sich die Zwicke. Die Zwicke stellt einen einseitigen, von innen nach außen schräg verlaufenden Keil dar.

Eine **kurze Zwicke** bewirkt, daß der Hufnagel **früh durch dir Hornwand** bricht.

Die Zwicke muß stets ganz sein und darf keinen Haken haben.

Die Zahl und Verteilung der einzuschlagenden Nägel ist bei den einzelnen Hufformen verschieden. Bei kleinen Hufen sind 4—5, bei größeren 6—8 Hufnägel erforderlich.

Bei **regelmäßigen Vorderhufen** verteilt man die Nägel auf die vordere Hälfte, bei **Hinterhufen** mehr nach hinten.

Bei **weiten** Hufen nimmt man wenigstens 6 Hufnägel und verteilt dieselben mehr nach hinten, bei engen Hufen 4 bis 5 Nägel und verteilt dieselben mehr nach vorn.

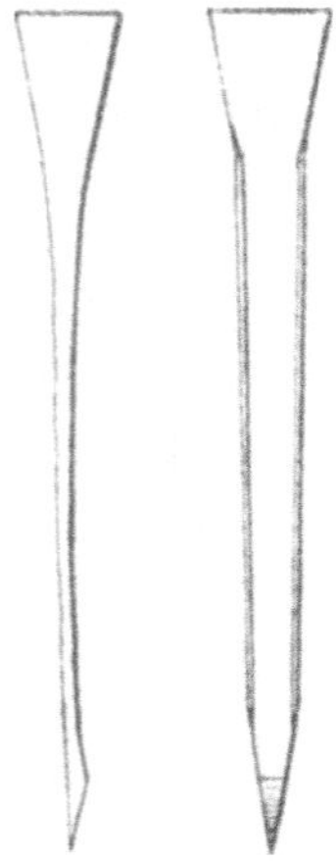

Abb. 72.
Der Hufnagel.

Bei **spitzen** Hufen nagelt man mehr nach der Zehe hin, bei **stumpfen** mehr nach den Trachten.

Die einzuschlagenden Hufnägel hält man möglichst lange und in derjenigen Richtung zwischen den Fingern, in welcher sie das Horn durchdringen sollen.

Das Einschlagen geschieht vorsichtig, und achtet man besonders auf den Klang, der weich und nicht hart sein soll. Beim Nageln denke der Schmied stets an den Bau des Hufes. An steilen, dünnen Hornabschnitten nagele man nicht so hoch wie an schrägen, dicken.

Bevor das Aufnageln beginnt, sieht man nach, ob das Eisen noch eben ist. Beim Rundfeilen der Schenkelenden im Schraubstock verbiegt es sich leicht. Dann sieht man nach, ob **die Nagellöcher die weiße Linie decken,** ob in jedes Nagelloch ein Hufnagel paßt und die **Nagelkanäle die Richtung der Hornwand** haben. Die Breite des Huftragerandes und die Höhe der Eckstreben sind nochmals zu regulieren.

Man schlägt zunächst die beiden Zehennägel ein, läßt dann den Huf niedersetzen und sieht, indem man sich hinter das Pferd stellt, nach, ob beide Schenkelenden gleich weit von der Mitte des Hufes entfernt sind.

Die übrigen Nägel schlägt man abwechselnd innen und außen ein, achtet aber stets darauf, daß das Eisen nicht schief zu liegen kommt.

Nachdem der Hufnagel die Hornwand durchbrochen hat, wird er gleich gegen dieselbe umgebogen.

Die Nägel werden dann gut in die Gesenke eingetrieben und die Nagelspitzen dicht am Hufe abgekniffen; mit dem Unterhauer wird unter dem Nagelstumpf ein kleines Stück Horn fortgenommen, damit das Niet gut in die Hornwand eingelassen werden kann.

Die Nägel werden dann nochmals angezogen, indem die Nietvorrichtung der Beschlagzange am Nagelstumpf angesetzt wird.

Das Niet wird alsdann mit der Feile soweit gekürzt, bis es nicht länger als die Nagelklinge breit ist. Dann werden die Niete durch leichtes Klopfen mit dem Hufhammer in die Hornwand gut eingelassen, die Aufzüge ebenfalls mit leichten Schlägen angerichtet und die überstehenden Hornkanten gebrochen.

Nach dem Beschlage wird das Pferd nochmals vorgeführt, um zu sehen, ob es plan auftritt und durch den Beschlag warm geworden ist.

Dann werden die alten Nagellöcher verkittet, die äußere Hornwand wird leicht eingefettet und die Hornsohle geteert.

8. Hufbeschlag nach Dr. Stark.

Stabsveterinär Dr. Stark hat mit seinem Oberfahnenschmied Guther in dem von ihm geleiteten Pferdelazarett nach Grundsätzen beschlagen, wie sie beim alten deutschen Hufbeschlag zur Geltung kamen. Die Hornsohle stellt nach Stark kein Gewölbe dar, sondern eine mit den Eckstreben und dem Tragerand in einer Ebene liegende Fläche. Dementsprechend nimmt er auch alle diese Teile zum Tragen des Eisens. Er schafft also eine große Tragefläche für das Hufeisen.

Als Eisen werden Stempeleisen bis 4 cm breit benutzt, die nicht länger und weiter sind als der Huf.

Der Tragerand ist überall wagerecht. Bei diesem Beschlage wächst die Sohle allmählich gleichmäßig stark herunter und bildet nur selten totes Horn.

Hufeinlagen bei Zwanghufen, Steingallen und gegen das Einballen von Schnee sind überflüssig.

Sohlenquetschungen sollen nicht vorkommen.

Die Erfahrungen mit diesem Beschlage sollen recht gute sein.

Eingehende Versuche besonders auch beim längeren Gebrauch der Pferde auf harten festen Straßen müssen die Richtigkeit dieser neuen Grundsätze beweisen, ehe sie verallgemeinert werden können.

9. Die Hufeinlagen.

Die Hufeinlagen kommen zur Anwendung:

1. Um Sohle und Strahl, die durch das Hufeisen mehr vom Erdboden entfernt werden, wieder mit demselben in Berührung zu bringen und zum Tragen heranzuziehen (Leder-, Huflederkitt- und Korksohlen).
2. Um das Ausgleiten der Pferde auf glatten, besonders asphaltierten Straßen zu verhindern (Kork- und Gummisohlen).
3. Bei Wunden an der unteren Hufflläche (Leder-, Stroh- und Hanfsohlen).
4. Um das Einballen von Schnee zu verhindern (Stroh- und Huflederkittsohlen).
5. Bei Hufkrankheiten, wie Steingallen, Hornspalten, Zwanghufen, bei mangelhaftem Wachstum des Hufhorns (Huflederkittsohlen, Ledersohle mit Wergpolsterung).

1. Die Ledersohle, meist in Verbindung mit der Wergpolsterung.

Kommt eine Ledersohle zur Anwendung, so muß das Eisen etwas **weiter** und müssen die Aufzüge **höher** gemacht werden. Damit die Sohle sich nicht verschieben kann, wird diese an den Schenkelenden festgenietet.

Vor dem Aufschlagen des Eisens wird die untere Fläche des Hufes geteert und werden die Strahlfurchen und die Wölbung der Hornsohle mit Werg gepolstert, und zwar so stark, daß ein leichter Druck auf die untere Fläche des Hufes ausgeübt wird.

Diese Einlage findet bei allen empfindlichen Hufen mit schwachen Trachten, bei flach gewölbten Sohlen und Steingallen Anwendung, ebenso bei Wunden an der unteren Huffläche.

2. Die Huflederkittsohle. Der Huflederkitt hat den Vorzug, daß er, in heißes Wasser gelegt, eine weiche Masse wird, die sich in alle Vertiefungen an der unteren Huffläche fest einkneten läßt. Nach dem Begießen mit kaltem Wasser erhärtet die Masse wieder, bleibt aber elastisch.

Die Huflederkittsohle bringt beim beschlagenen Huf am besten die Sohle und den Strahl wieder mit dem Erdboden in Berührung und findet mit gutem Erfolg Anwendung bei Steingallen, Hornspalten, Zwanghufen, mangelhaftem Wachstum des Hufhirns.

Diese Einlage verhindert auch das Einballen von Schnee.

Huflederkittsohlen können nur angewandt werden, wenn die Hornsohle gut gewölbt ist. Im vorderen Teil des Hufes darf die Einlage die Bodenfläche des Eisens nicht überragen, da die Pferde infolge zu starken Druckes auf die Hornsohle leicht lahm werden können.

Damit die Einlagen guten Halt haben, macht man die Abdachung im Eisen etwas stärker und biegt, wenn ein Schlußeisen nicht zur Anwendung kommt, die Schenkelenden etwas um.

3. Die Korksohle. Die Korksohle ist besonders in Verbindung mit dem Strickeisen die beste Einlage, um das Ausgleiten der

Pferde auf glatten Straßen sowie das Entstehen von Steingallen zu verhüten.

Pferde mit flach gewölbten Sohlen können mit Korkeinlagen nicht gehen.

Damit die Korksohle keinen Druck auf die Sohle des Hufes ausübt, muß erstere stets gut weich gekocht werden, einen Ausschnitt für den Strahl haben und darf im Zehenteil die Bodenfläche des Eisens nicht überragen.

Bei längerer Anwendung tritt leicht fauler Strahl ein; man muß daher die Bodenfläche des Hufes vor dem Einlegen der Korksohle gut teeren.

4. Die Strohsohle. Die Strohsohle wird angewendet bei Verletzungen an der unteren Hufläche sowie gegen das Einballen von Schnee. Damit die Einlage nicht verloren geht, macht man eine etwas stärkere Abdachung am Eisen und biegt die Schenkelenden um. Querstege, mit den Schraubstollen befestigt, verhindern ebenfalls das Verlieren der Strohsohlen.

5. Die Gummisohle. Die Gummisohle soll das Ausgleiten verhindern und die Erschütterungen von den Hufen und Gelenken abhalten. Die Einlagen sind teuer.

Dritter Abschnitt.

1. Das Streichen der Pferde.

Ein Pferd streicht sich, wenn der Huf des vorschreitenden Schenkels den stützenden Schenkel trifft.

Die dadurch entstehenden Verletzungen liegen an der inneren Seite, und zwar vom Huf bis zum Vorderfußwurzelgelenk, je nach der Bewegung der Schenkel. Je höher die Streichstelle liegt, um so schwerer ist das Streichen abzustellen.

Streichen die Pferde sich oft, dann entstehen Streichballen und Überbeine.

Die **Ursachen des** Streichens liegen:

1. Im Gebäude des Pferdes.

Pferde mit engem Stand, die beim Gehen die Beine voreinandersetzen.

2. In der Bewegung der Schenkel.

Pferde, die mit dem schwingenden Hufe einen Bogen gegen den stehenden **Fuß** machen (bodenweit und diagonal nach außen gestellte) oder drehende Bewegungen ausführen (X- und O-beinige, sowie stark bodeneng diagonal nach außen gestellte).

3. In der Beschneidung.

Hier kann die Ursache sowohl in falscher Beschneidung am streichenden wie auch am gestrichenen Fuße liegen.

Schiefschneiden des Hufes, wodurch eine unsichere Stützfläche entsteht, oder zu starkes Erniedrigen der inneren Seite, wodurch das Fesselgelenk zu weit nach innen kommt.

4. Im Beschlage.

Zu schwere, zu dicke und zu weite Eisen, hervorstehende Niete, Beschlag mit Stollen oder Griffeisen, falsche Zehenrichtung.

Meist streichen sich die Pferde an der inneren Zehe, selten mit den Seitenteilen und noch seltener mit den Schenkelenden des Hufeisens.

Je mehr der Schenkel mit der Zehe nach außen steht, um so mehr rückt die Stelle, mit welcher die Pferde sich streichen, nach vorn.

O-beinig und stark bodeneng diagonal nach außen gestellte Hintergliedmaßen, die drehende Bewegungen ausführen, streichen sich mit den Schenkelenden.

Um das Streichen zu verhüten, muß der Schmied stets die Stelle am Eisen, mit welcher am leichtesten Streichen erfolgen kann, stark bodeneng halten.

Kommt ein Pferd in die Schmiede, das sich gestrichen hat, so muß ermittelt werden, mit welcher Stelle und aus welchem Grunde das Streichen erfolgt ist.

Hierzu läßt man das Pferd mehrmals hin- und herführen auf einer möglichst ebenen Fläche, achtet auf die Bewegung der Schenkel, den Auftritt, auf blanke Stellen am Eisen. Ferner untersucht man, ob das Eisen zu weit ist, sich nach innen verschoben hat, ob Niete hervorstehen.

Um das Streichen zu beseitigen, sorgt man möglichst für einen planen Auftritt. Nimmt dann am besten ein glattes Eisen mit Seitenaufzug an der äußeren Seite, das an der Stelle, mit welcher das Streichen erfolgt ist, stark eng und bodeneng gehalten ist. Man nagelt hier am besten nicht und läßt das Horn gut abgerundet überstehen.

Streicht **sich** das Pferd mit dem Schenkelende oder ist die innere Seite des Hufes zu niedrig, so nimmt man ein Hinterstreicheisen, dessen inneres Schenkelende verdickt und stark bodeneng gehalten ist.

Den Streichschenkel richtet man sehr eng und hält ihn kurz, er darf die Trachtenecke nicht überragen.

Liegen die Streichwunden hoch am Vorderfußwurzelgelenk, schlägt man, falls die Hufform es gestattet, mit gutem Erfolge Halbmonde bzw. Dreivierteleisen auf.

2. Das Greifen der Pferde.

Unter Greifen versteht man das Anstoßen des Zehenteils der Hinterhufe an die Vordergliedmaße während der Bewegung. Hierdurch können Verletzungen an der Vordergliedmaße entstehen von dem Ballen bis zum Vorderfußwurzelgelenk hinauf; auch werden oft die Eisen abgerissen.

Die **Ursachen** liegen:

1. Im Körperbau des Pferdes.

Pferde, die vorn rückständig und hinten vorständig gebaut sind.

2. Im Gebrauch.

Arbeit auf weichem Boden, besonders in schneller Gangart, Springen über Hindernisse.

3. In der Beschneidung.

Zu lange Zehe an den Vorder- und Hinterhufen.

4. Im Beschlage.

Zu lange Eisen, fehlende Zehenrichtung.

Um das Greifen zu verhindern, kürzt man die Zehe sowohl an den Vorder- als auch an den Hinterhufen, bringt eine gute Zehenrichtung an und macht die Vordereisen kurz. Zweckmäßig verwendet man Vorder- und Hintergreifeisen oder Halbmonde.

3. Die Hufpflege.

Damit die Hufe ihre gesunde Form, ihr glattes, glänzendes Aussehen, die Elastizität und die Beweglichkeit behalten, müssen dieselben auch gut gepflegt werden.

In den ersten Jahren, so lange sich das junge Pferd auf der Weide herumtummelt, nutzt sich der Huf genügend ab; der Schmied muß aber häufiger nachsehen, ob der Huf zu seinem Fesselstande paßt, die Kanten gut gerundet sind und die Trachtenwände sich nicht nach innen umgelegt haben.

In den Wintermonaten, in denen die jungen Pferde im Stalle stehen, nutzen sich die Hufe nicht genügend ab. Die Hornwand muß alsdann häufig erniedrigt werden, und zwar je nach der Hufform verschieden, wie es bei der Beschneidung der einzelnen Hufformen angegeben ist.

Je weniger Bewegung die Tiere haben, je schlechter der Stallboden beschaffen ist, desto sorgfältiger muß die Hufpflege ausgeführt werden. Im Winter sind die Hufe häufiger zu waschen, damit ihnen Feuchtigkeit zugeführt wird.

Wird das Pferd in Arbeit genommen und zu diesem Zwecke beschlagen, so bedürfen die Hufe einer besonderen Pflege. **Der Beschlag muß je nach der Hufform und dem Wachstum des Hufhornes alle 4—6 Wochen erneuert werden.** Trockene Streu ist für die Gesunderhaltung der Hufe stets erforderlich. Täglich nach dem Gebrauch der Pferde sind die Hufe in reinem Wasser zu waschen. Nach dem Waschen läßt man dieselben gut abtrocknen und dann leicht einfetten. Fett macht das Hufhorn nicht weich, auch befördert es nicht das Wachsen des Hornes, sondern das Fett verhindert nur ein zu schnelles Verdunsten des eingedrungenen Wassers.

Zum Einfetten eignen sich am besten tierische Fette. Ein billiges und gutes Huffett ist Kammfett. Die Fette dürfen nicht ranzig sein, da dieselben sonst leicht die Glasurschicht des Hufes zerstören.

Das Einfetten der Hufe ohne vorherige Reinigung ist stets schädlich, da sich hierdurch allmählich eine dicke, aus Fett und Schmutz bestehende Kruste um den Huf bildet, die die Glasurschicht zerstört und das Horn mürbe und brüchig macht.

Sohle und Strahl sind häufig zu teeren, um Fäulnis zu verhüten.

Bei andauernd nassem Wetter fettet man weite Hufe vor dem Gebrauch der Pferde ein, da sonst der grobmaschige Bau des Hufhorns zu viel Wasser in das Horn einläßt und dasselbe noch mürber macht.

Harte Hufe erweicht man leicht durch Einschlagen in Leinsamenbrei.

In heißen, trockenen Monaten kann man Pferde mit harten Hufen häufiger ins Wasser stellen und muß nachher die Hufe einfetten.

4. Das Barfußgehen.

Das Barfußgehen ist für die Gesunderhaltung der Beine und Hufe von großer Bedeutung. Es eignen sich dazu Pferde mit **regelmäßigen** und **stumpfen Hufen,** die **viel Horn** haben.

Sollen Pferde, die beschlagen sind, barfuß gehen, so läßt man die Eisen so lange liegen, bis genügend Horn nachgewachsen ist. Alsdann nimmt man die Eisen vorsichtig ab, macht die Hufe zum Fesselstande passend und läßt alles Horn in der Sohle und am Strahl stehen, erniedrigt die Eckstreben, damit sich dieselben nicht über die Sohlenschenkel legen und bricht die äußere Kante am Hufe so stark, daß sie nicht den Boden berührt. Von 8 zu 8 Tagen müssen die Hufe neu berundet werden. Zeigen sich kleine Tragerandspalten, so versucht man zunächst durch Brennen einer Querrinne am oberen Ende der Spalte ein weiteres Einreißen der Hornwand nach oben zu verhindern; gelingt es auf diese Weise nicht, so muß das Pferd beschlagen werden.

Das Barfußgehen ist zweckmäßig:

1. Bei jungen Pferden, deren Hufe noch nicht entwickelt sind.
2. Beim Streichen der Pferde.
3. Bei Zwanghufen (nicht Zwang weiter Hufe).
4. Bei Steingallen, Hornspalten, Strahlfäule.

5. Die Hufentzündung.

Eine Entzündung des Hufes gibt sich zu erkennen:

1. Durch Lahmheit.

Der lahme Schenkel wird weniger belastet, der Huf oft vorgesetzt. Im Trabe wird die gesunde Gliedmaße mehr belastet; durch Senken des Kopfes wird die Körperlast schnell vom lahmen Schenkel auf den gesunden geworfen. Man sagt: Das Pferd fällt auf den gesunden Huf mehr; meist hört man beim beschlagenen Pferde auch ein stärkeres Klappen des Eisens vom gesunden Hufe.

2. Durch vermehrte Wärme.

Man fühlt diese mit der inneren Handfläche am besten, untersucht auch zum Vergleich den gesunden Huf.

3. Durch Schmerzen.

Man stellt dieselben fest durch Druck mit der Zange oder durch Beklopfen.

Da die Lederhautteile des Hufes sehr nervenreich sind, so reicht oft eine geringe Ursache schon aus, im Hufe Schmerzen zu bereiten.

4. Durch vermehrtes Klopfen der Arterien.

Am besten fühlt man die Fesselarterien an oder die Hauptmittelfußarterie (Schienbeinarterie) an der **inneren** Seite des Mittelfußes zwischen Fessel- und Hufbeinbeugesehne.

Man teilt die Hufentzündungen ein:

1. In einfache Entzündungen. Ursachen hierzu sind z. B. zu starkes Beschneiden eines Hufes, zu starkes Aufbrennen des Eisens, zu starkes Anrichten eines Aufzuges, Nägel, die den Lederhautteilen zu nahe sitzen.

2. In blutige Entzündungen. Ursachen, die auf den Huf einwirkten, waren so heftiger Art, daß durch Zerrung und Quetschung eine Zerreißung von kleinsten Blutgefäßen in den Lederhautteilen eingetreten ist. Das Blut tritt dann aus den Gefäßen aus, sammelt sich zwischen den Lederhautteilen und Hornteilen, sickert allmählich durch die Hornteile durch und erscheint dann im Horn als rote Stelle (Steingalle).

3. In eitrige Entzündungen. Diese können sowohl aus der einfachen als auch aus der blutigen Entzündung entstehen, wenn sich in den Hornteilen kleine Öffnungen befinden, durch welche Schmutz zu den entzündeten Lederhautteilen eindringt.

Befindet sich der Eiter an der Verbindung zwischen Lederhaut- und Hornteilen, so sieht er dünnflüssig und schwärzlich aus, sog. gutartiger Eiter (Brennen eines Nagels, Hufgeschwür).

Befindet sich der Eiter in den Lederhautteilen selbst, so ist er rahmartig und gelb, sog. bösartiger Eiter (tiefere Vernagelungen, eiternde Steingallen).

Behandlung: Bei den **einfachen** Entzündungen sucht man die am Hufe bestehende Wärme durch Anwendung von Kälte zu beseitigen. Man stellt entweder den Huf in einen Eimer mit kaltem Wasser, dem man praktisch einige Eisstücke zufügt, oder man schlägt den Huf in einen nassen Beutel ein, den man mit kleinen Eisstückchen gefüllt hat. Vielfach wird der Huf auch in einen Brei aus Essig und Lehm eingeschlagen.

Bei dieser kühlenden Behandlung ist die Lahmheit gewöhnlich in einigen Tagen beseitigt:

Wird sie schlimmer, so ist meist Eiter im Hufe vorhanden.

Bei den **blutigen** Entzündungen ist bei geringer Lahmheit anfangs auch Kälte zu versuchen.

Ist die Lahmheit stark, so schlägt man den Huf in warmen Leinsamenbrei ein und gießt im Laufe des Tages häufiger warmes Wasser nach. Läßt bei dieser Behandlung die Lahmheit nicht nach, so ist Eiter im Huf zu vermuten.

Man muß dem Eiter frühzeitig Abfluß zu verschaffen suchen, da sich derselbe sonst einen Durchbruch durch die Hornkapsel sucht.

Der Eiter kann folgende Wege nehmen:

a) Er geht in der Blättchenschicht der Wand nach oben und kommt am Saumband zum Durchbruch.

b) Er quetscht sich zwischen Strahllederhaut und Hornstrahl fort und bricht an den Ballen durch. Beide Ausgänge sind noch günstig zu beurteilen.

c) Er geht in der Blättchenschicht der Eckstrebe nach oben und kommt dann zum Strahlpolster. Entweder entsteht nun eine eitrige Entzündung des letzteren, verbunden mit starker Lahmheit, oder der Eiter dringt zum Hufknorpel vor, und es entsteht dann eine Hufknorpelfistel.

d) Der Eiter kann auch in das Hufgelenk eindringen; die Pferde sind dann sehr lahm, haben Wundfieber und können infolge von Blutvergiftung sterben.

Abb. 73. Eisen mit Splintverband.

Der Schmied muß stets darauf bedacht sein, dem Eiter im Hufe frühzeitig Abfluß zu verschaffen. Hierzu schneidet man vorsichtig den Huf aus und legt einen frischen Schnitt über den ganzen Tragerand.

Mit der Hufuntersuchungszange sucht man diejenige Stelle am Hufe, wo die Schmerzhaftigkeit am größten ist. Findet man hier eine rundliche, feuchte und schwärzliche Stelle, so schneidet man vorsichtig mit hochgehobenem Messergriff eine trichterförmige Öffnung. Meist entleert sich dann ein schwärzlicher Eiter. Der Huf wird alsdann in einen Eimer mit 2 bis 3%iger Lysol- oder Kreolinlösung gestellt. Die Lahmheit wird dann bald besser und kann der Huf mit einem Verbandeisen beschlagen werden (Strohsohle, Splintverband oder Deckeleisen). Die freigelegte Stelle wird vorher eingeteert (Abb. 73).

Entleert sich aber rahmartiger Eiter oder kann der Schmied bei starker Lahmheit keinen Eiter finden, so muß er dem Besitzer des Pferdes vorschlagen, dasselbe in tierärztliche Behandlung zu geben.

6. Die Untersuchung lahmer Pferde.

Stellt ein Pferd einen Huf, besonders einen Vorderhuf nach vorn, tritt es im Fesselgelenk nicht durch, setzt es in der Bewegung einen Huf nur zaghaft auf, lahmt es auf hartem Boden mehr als auf weichem, so kann man vermuten, daß eine Huflahmheit vorliegt.

Man untersucht zunächst mit der Hufuntersuchungszange, ob das Pferd durch Zucken beim Druck mit den Maulenden der Zange Schmerzen zu erkennen gibt. Die einzelnen Hufe sind hier in der Empfindlichkeit gegen Zangendruck sehr verschieden. Hufe mit dünnen Sohlen sind z. B. mehr empfindlich. Zweckmäßig vergleicht man hierbei auch den gesunden Huf.

Dann fühlt man mit der inneren Handfläche, ob einzelne Stellen am Hufe wärmer sind und vergleicht auch hierbei den gesunden Huf.

Darauf fühlt man nach, ob die Fesselarterien stärker klopfen.

Hierauf besichtigt man den Beschlag, ob er zum Lahmgehen Veranlassung gibt, z. B. durch zu hoch sitzende Nägel, zu enge, zu kurze, verschobene und zu fest aufliegende Eisen, fehlende oder zu geringe Abdachung besonders bei schwach gewölbter Sohle, zu stark angerichtete Aufzüge.

Ferner sieht man die Form der Hufe nach und denkt daran, daß die Hufe an den steil stehenden, mehr belasteten Wandabschnitten auch am leichtesten erkranken und hier oft der Sitz der Lahmheit zu suchen ist.

So ist bei den **bodenengen** Hufen meist die **äußere,** bei den **bodenweiten** die **innere Seite,** bei den **diagonalen** die **innere Tracht** der Sitz der Lahmheit. **Spitze** Hufe erkranken mehr an den **Trachten, stumpfe** mehr an der **Zehe.** Denkt der Schmied an diese natürlichen Verhältnisse, so wird ihm das Auffinden der Ursache einer Huflahmheit wesentlich erleichtert.

Wenn ein Pferd kurz nach dem Neubeschlage lahm wird, so liegt meist die Ursache der Lahmheit am Beschlage.

Alsdann nimmt man vorsichtig das Eisen ab, schneidet Sohle und Strahl leicht aus und legt einen frischen Schnitt über den ganzen Tragerand, um deutlich sehen zu können, ob die Hufnägel etwa ihren Sitz außerhalb der weißen Linie haben.

Man achtet ferner auf die Wölbung der Sohle, auf schwarze Risse in derselben, auf lose oder getrennte Wand, auf rote Stellen im Hufhorn und darauf, ob sich die Eckstreben nicht auf die Sohlenschenkel gelegt haben. Letzteres kommt am häufigsten bei spitzen, weiten Hufen vor.

Das abgenommene Hufeisen wird auf die Richtung und Tiefe der Nagellöcher geprüft.

Findet der Schmied bei einem lahmen Pferde im Hufe Schmerzen und kann er die Ursache nicht feststellen, so muß das Pferd in tierärztliche Behandlung gegeben werden.

Vierter Abschnitt.

1. Die Verletzungen der Fleischteile des Hufes.

a) Das Durchschneiden und Durchbrennen.

Dasselbe kommt am leichtesten vor, wenn Pferde nach dem Barfußgehen beschlagen werden, ferner bei flach gewölbten Sohlen, bei Vollhufen und bei schlecht stehenden Pferden.

Beim **Durchschneiden** tritt eine starke Blutung ein. Man stellt den Huf in einen Eimer mit kalter 3%iger Lysol- oder

Kreolinlösung, bis die Blutung aufhört, streicht alsdann auf die verletzte Stelle Teer und nimmt ein Eisen mit Leder- oder Strohsohle. Die Lahmheit dauert meist nur einige Tage.

Beim **Durchbrennen** verfährt man ebenso, nur dacht man das Eisen etwas mehr ab.

Die Beseitigung der Lahmheit dauert meist länger.

b) Die Vernagelung.

Unter Vernagelung versteht man Quetschungen und Verletzungen der Lederhautteile durch Hufnägel, die zur Befestigung des Eisens in den Huf eingeschlagen wurden.

Hat der Hufnagel die Wandlederhaut nicht verletzt, sondern sitzt er nur den Lederhautteilen zu nahe, so übt er einen Druck auf dieselben aus. Es entsteht dann eine Entzündung der Lederhautteile, die mit Lahmheit verbunden ist. Man spricht dann vom Brennen des Nagels.

Die Lahmheit tritt meist erst einige Tage nach dem Beschlage auf.

Bei der **eigentlichen Vernagelung** ist der Hufnagel in die Lederhautteile eingedrungen. Die Pferde zucken beim Einschlagen des Nagels. Zieht man denselben sofort wieder heraus, so befindet sich an der Nagelklinge Blut, oft quillt auch ein Tröpfchen Blut aus dem Nagelkanal hervor (Nagelstich).

Läßt man den zu tief eingeschlagenen Hufnagel nachher fehlen und macht etwas Teer auf den Kanal, so tritt meist keine Lahmheit ein.

Dringt der Hufnagel aber tief in die Lederhautteile ein und bleibt hier sitzen, so tritt eine schwere Entzündung der Wandlederhaut mit nachfolgender Eiterung ein, in seltenen Fällen kommt es zum Absterben eines Stückes Hufbeins (eigentliche Vernagelung).

Solche Verletzungen der Lederhaut können für das Pferd lebensgefährlich werden, auch Wundstarrkrampf sieht man danach auftreten.

Bei allen Vernagelungen muß der Schmied frühzeitig die Hinzuziehung eines Tierarztes in Vorschlag bringen und muß stets offen eingestehen, daß ein Nagel zu tief eingedrungen ist. Ein Versehen des Schmiedes ist noch kein Verschulden. Wohl aber ist das Verheimlichen einer stattgefundenen Vernagelung ein schweres Verschulden.

Die **Ursachen** der Vernagelung:

1. Wenn die Nagelkanäle am Eisen nicht die weiße Linie decken.
2. Falsche Richtung der Nagelkanäle.
3. Zu tief gelochte und zu eng gerichtete Eisen.
4. Falsch angesetzte und zu dicke Hufnägel.
5. Alte Nagelstifte im Hufe.
6. Zu starkes Beraspeln der Hornwand von oben.
7. Starkes Anrichten der Aufzüge in der Nähe von Nägeln.
8. Sehr dünne, steile oder ausgebrochene Hornwände.
9. Schlechtes Stehen der Pferde beim Beschlagen.

Verdacht auf Vernagelung liegt vor, wenn ein Pferd kurze Zeit nach Ausführung des Beschlages ohne besondere Ursache lahm wird.

Man sieht alsdann die Niete am Hufe an, ob einzelne besonders hoch sitzen, drückt mit den Maulenden der Hufuntersuchungszange auf das höher sitzende Niet und achtet darauf, ob das Pferd hierbei durch Zucken Schmerzen äußert.

Ist dies der Fall, so zieht man den zu hoch sitzenden Nagel heraus und läßt das Pferd vortraben. Vielfach ist dann die Lahmheit schon beseitigt.

Besteht stärkere Lahmheit, pulsiert die Arterie, so lüftet man das Eisen vorsichtig, zieht die Nägel einzeln heraus und sieht nach, ob sich Blut an denselben befindet.

Man legt dann einen dünnen Schnitt über den Tragerand und sieht nach, ob einzelne Nagelkanäle nach innen von der weißen Linie sitzen und das Pferd bei Druck auf diese Nagelkanäle mit der Zange Schmerzen äußert.

Ist letzteres der Fall, so läßt man für einige Tage das Eisen fehlen und sucht durch kühlende Umschläge mit Lysolwasser oder durch Fußbäder in derselben Flüssigkeit die bestehende Entzündung zu beseitigen. Lahmt das Pferd nicht mehr, so schlägt man das Eisen wieder auf, läßt aber an der schmerzhaften Stelle den Nagel fehlen.

Wird die Lahmheit aber trotz der kühlenden Behandlung schlimmer, klopft die Arterie stark, so ist Eiter im Huf zu vermuten und muß derselbe möglichst schnell entleert werden.

Man schneidet hierzu mit dem Rinnmesser von der weißen Linie aus den Nagelkanal nach und macht eine trichterförmige Öffnung. Entweder entleert sich der Eiter sofort oder nach Druck mit den Maulenden der Untersuchungszange. Ist der sich entleerende Eiter grauschwarz und dünnflüssig, so hat der Nagel nur die oberflächlichen Teile der Wandlederhaut verletzt.

Man macht warme Fußbäder in $3^0/_0$iger Lysol- oder Kreolinlösung, die Lahmheit ist dann bald beseitigt. Beim Beschlagen läßt man den Hufnagel an der betreffenden Stelle fehlen, bringt eine Schwebe am Hufe unterhalb der Stelle an und füllt den alten Nagelkanal mit Teer aus. Oft ist eine Ledersohle oder Strohsohle mit Teer und Wergpolsterung noch zweckmäßig.

Ist der sich entleerende Eiter gelb und rahmig, so sind tiefer gelegene Teile der Wandlederhaut verletzt, der Schmied muß dann dem Besitzer des Pferdes die Hinzuziehung eines Tierarztes vorschlagen, ebenso wenn der Sitz der Eiterung nicht festzustellen ist.

c) Der Nageltritt.

Unter Nageltritt versteht man Verletzungen an der unteren Hufläche durch Eintreten von spitzen Gegenständen, besonders Nägeln; Lieblingssitz sind die Strahlfurchen.

Die Bedeutung des Nageltritts hängt davon ab, wie tief und an welcher Stelle der Gegenstand eingedrungen und ob die entstandene Wunde verunreinigt ist.

Durch Nageltritte können schwere Entzündungen im Hufe entstehen, die zu dauernder Lahmheit und bei umfangreicher Eiterung auch zum Tode des Tieres führen können.

Die Lahmheit tritt meist plötzlich auf, die Pferde wollen den Huf nicht belasten, treten nur mit der Hufzehe auf und im Fessel nicht durch (sog. Überköten). Der Laie denkt sofort an eine Fesselverstauchung. Der Schmied wird oft zuerst vom Besitzer um Rat gefragt. Er versäume nie, bei solcher Lahmheit den Huf gründlich auf eingetretene scharfe Gegenstände zu untersuchen.

Beim Nageltritt zieht man den eingedrungenen Gegenstand vorsichtig aus dem Hufe, achtet darauf, ob die Spitze nicht abgebrochen ist, bewahrt denselben auf, damit der hinzugezogene Tierarzt sehen kann, wie tief der Gegenstand eingetreten und ob er stark verunreinigt war.

Bis zum Eintreffen des Tierarztes macht man Fußbäder in desinfizierenden Flüssigkeiten, nachdem vorher Sohle und Strahl dünn geschnitten sind.

Bei leichten Verletzungen genügt oft ein Splintverband mit Teer und Werg.

d) Der Kronentritt.

Unter Kronentritt versteht man eine Verletzung im Bereiche der Krone, die meist durch Treten mit scharfen Stollen entstanden ist.

Bei leichten Kronentritten wird das abgetretene Stück vom Hornsaum vorsichtig abgeschnitten und ein Teerverband angelegt.

Besteht Lahmheit, so ist tierärztliche Behandlung nötig, da Kronentritte oft lebensgefährliche Verletzungen sein können.

Sind bei einem Kronentritt Zotten der Kronlederhaut zerstört worden, so entsteht beim Herabwachsen des Hornes leicht eine Hornkluft oder auch eine Narbenhornrinne.

2. Die Steingallen.

Unter Steingallen versteht man die gelbrot oder blaurot gefärbten Stellen in den hinteren Abschnitten des Hufes, besonders in den Sohlenschenkeln und Eckstreben.

Die Steingallen sind durch starke Quetschungen und Zerrungen der Lederhautteile entstanden, bei welchen es zum Austritt von Blut infolge Zerreißung der Blutgefäße gekommen ist. Dieses Blut tritt zunächst zwischen Lederhaut- und Hornteile, sickert dann allmählich durch die Hornröhrchen und erscheint im toten Horn als rot gefärbte Stelle. Oft findet man beim Ausschneiden des Hufes noch Tropfen flüssigen Blutes in dem abgestorbenen Horn.

Die Steingallen kommen fast nur an beschlagenen Hufen und zwar meist an den Vorderhufen vor.

Nach dem Sitz unterscheidet man:

Wand-, Sohlen- und Eckstrebensteingallen.

Nach dem Grade der Entwicklung teilt man sie ein:

a) in einfache,
b) in eiternde,
c) in veraltete Steingallen.

Die **einfachen,** auch frische Steingallen genannt, sind mit mehr oder weniger starker Lahmheit verbunden. Oft findet man in den ersten Tagen nur die Zeichen einer heftigen Hufentzündung in den hinteren Teilen des Hufes, erst allmählich sickert das Blut durch die Hornröhrchen und erscheint dann als feuchte, rote Stelle.

Die **eiternden** Steingallen entstehen aus den einfachen dadurch, daß durch einen vorhandenen, oft nur kleinen Riß im Sohlenhorn Schmutz in die entzündeten Teile kommt oder daß der Schmied beim Suchen nach Steingallen durchschneidet. Die Lahmheit ist immer erheblich.

Die **veralteten** Steingallen kommen mit und ohne Lahmheit vor. Die Pferde haben oft einen klammen Gang oder gehen sehr breit, wenn sie auf harten Boden kommen. Häufig kommen diese Steingallen in Verbindung mit anderen Hufkrankheiten, wie Zwanghufen und Verknöcherung der Hufknorpel vor. Das Horn ist dann in weiter Ausdehnung verfärbt und hat eine wachsartige Beschaffenheit. Häufig findet man schwärzliche Kanäle, die nach oben gehen und in denen sich plötzlich Eiterung einstellt. Die Pferde sind vorübergehend sehr lahm.

Die **Ursachen** liegen:

1. In der Hufform.

Enge Hufe mit ihren steilen Wandungen und mit der starken Neigung der Trachtenwände nach innen, spitze Hufe mit ihren niedrigen, schwachen, stark belasteten Trachten, halbeng-halbweite Hufe mit ihrer ungleichen Belastung neigen zu Quetschungen oder Zerrungen der Huflederteile und damit zu Steingallen.

2. In schlechter Hufpflege.

Zu große Trockenheit der Hufe, besonders in heißen Monaten, zu langes Liegenlassen der Eisen.

3. In Beschneidungsfehlern.

Schiefschneiden des Tragerandes innerhalb einer Hufhälfte; ungleich hohe Trachten, zu hohe Eckstreben, zu viel totes Horn im Sohlenwinkel, zu starkes Beschneiden der Sohle, der Eckstreben und des Strahls.

4. Im Beschlage.

Zu kurze und zu enge Eisen; zu festes Aufliegen der Eisen bei schwachen Trachten. Horizontaler Tragerand bei weiten Hufen. Zu weit nach hinten verteilte Hufnägel.

Behandlung und Beschlag: Die Behandlung und der Beschlag richtet sich nach der Hufform, dem Gebrauchszweck des Pferdes und der Art der Steingalle.

Stets muß zuerst die Beschneidung des Hufes nach der Hufform erfolgen; die bestehenden Fehler müssen beseitigt werden.

Gestattet es die Hufform und der Gebrauchszweck des Pferdes, so ist bei einfachen und veralteten Steingallen Barfußgehen zweckmäßig. Besteht Lahmheit, so muß diese durch Kühlen beseitigt werden.

Ist Barfußgehen nicht möglich, so verwendet man das geschlossene Eisen mit Ledersohle und Wergpolsterung, bei veralteten Steingallen mit Huflederkittsohlen. Manche Pferde gehen auch auf Strickeisen gut.

Bei Anwendung eines geschlossenen Eisens kann man die kranke Tracht schweben lassen.

Ist der Huf sehr trocken und hart, so erweicht man ihn am besten durch Einschlagen in Leinsamenbrei.

Bei nach innen verlagerten Trachten werden Halbmonde bzw. Dreivierteleisen mit Erfolg gebraucht. Der **halbe** Schenkel kommt bei letzterem Eisen auf die **erkrankte steile** Seite des Hufes zu liegen, z. B. bei **bodenengen** Hufen auf die **äußere Seite.**

Ist die Lahmheit erheblich, klopft die Schienbeinarterie stark, so ist Eiter im Hufe zu vermuten. Man sucht dem Eiter schnell Abfluß zu verschaffen.

3. Die Verbällung.

Eiternde Steingallen sind gefährliche Hufkrankheiten. Die Behandlung ist Sache des Tierarztes.

Unter Verbällung versteht man eine Entzündung der fleischigen Ballen, die fast nur an den Vorderballen vorkommt.

Die Ballen fühlen sich warm an, und bei Druck auf dieselben zeigen die Pferde Schmerzen. Der Gang ist klamm, oft besteht auch Lahmheit.

Die **Ursachen** sind Greifen der Pferde, andauerndes Arbeiten auf harten, unebenen Straßen, zu kurze Eisen, Beschlag mit Stollen, schlecht entwickelter Strahl.

Die **Behandlung** besteht in Kühlen, dann Ausfchlagen von langen, stollenlosen Eisen mit Schwebe; bei schwachen, niedrigen Trachten sind geschlossene Eisen mit breitem Steg und starker Abdachung für den Strahl zu nehmen.

4. Die Verknöcherung der Hufknorpel.

Bei der Verknöcherung der Hufknorpel wandelt sich der elastische Knorpel in harte Knochenmasse um. Der Hufmechanismus wird dadurch behindert, und die im Huf eingeschlossenen Fleischteile werden gequetscht. Es treten Blutungen in ihnen auf, und man findet daher neben der Verknöcherung oft noch Steingallen.

Den verknöcherten Hufknorpel fühlt man als eine harte Masse oberhalb der Krone, letztere ist oft ausgebuchtet.

Das Leiden kommt am häufigsten bei schweren Arbeitspferden, meist an der **steilen, mehr belasteten** Seite des Hufes vor. Lahmheit ist nicht immer vorhanden, wohl aber haben die Pferde oft einen klammen Gang.

Abb. 74. Federeisen.

Der Zustand ist unheilbar, man kann aber die Pferde bei richtiger Behandlung und entsprechendem Beschlag arbeitsfähig erhalten.

Man macht die Hufe weich durch häufiges Einschlagen in Leinsamen. Am besten gehen die Pferde auf einem glatten Eisen mit Ledersohle und Wergpolsterung oder auf einem, Strickeisen.

Bei **bodenengen** Hufen der schweren Arbeitspferde hat sich, besonders wenn gleichzeitig Steingallen mit Lahmheit bestehen, das sog. Federeisen bewährt (Abb. 74).

Die Schenkelenden werden bei diesem Eisen dicker und breiter geschmiedet. Das Schenkelende, auf welches der erkrankte Teil des Hufes zu ruhen kommt, wird nach dem letzten Nagelloch von der Bodenfläche aus scharf abgesetzt, so daß ein federnder 3—4 mm. dicker Teil entsteht. Bei Schrittbewegung verliert sich die Lahmheit allmählich.

5. Das Hufgeschwür.

Unter einem Hufgeschwür versteht man eine Ansammlung von schwärzlichem, flüssigem Eiter, meist an der Verbindung der Blättchenschicht oberhalb der weißen Linie, seltener an anderen Stellen des Hufes.

Hufgeschwüre kommen mehr bei unbeschlagenen als bei beschlagenen Hufen vor.

Die Pferde werden plötzlich lahm, oft sehr erheblich, und zeigen bei der Untersuchung alle Erscheinungen einer frischen Hufentzündung. Zehenfußung und Überköten ist sehr häufig

Legt man einen dünnen Schnitt über den Tragerand an, so findet man meist im Bereiche der weißen Linie eine schwärzliche, oft schon feuchte Stelle. Schneidet man nach, so entleert sich unter hohem Druck befindlicher, schwärzlicher Eiter. Nach dem Entleeren desselben und Einstellen des Hufes in warmes Lysol- oder Kreolinwasser ist die Lahmheit in kurzer Zeit beseitigt. Man teert nachher den Kanal ein und legt ein Eisen mit Splintverband oder mit Strohsohle auf.

6. Die Hornspalten.

Hornspalten sind Trennungen der Hornwand in der Längsrichtung der Hornröhrchen.

Nach dem Sitze teilt man dieselben ein:

1. In Tragerandspalten.
2. In Kronenrandspalten.
3. In Eckstrebenspalten.

Nach der Tiefe unterscheidet man:

1. Oberflächliche Spalten oder Windrisse,
2. tiefere Spalten, die bis in die Schutzschicht reichen,
3. durchdringende Spalten, die durch alle 3 Schichten der Hornwand gehen und oft bluten,
4. Narbenhornrinnen nach Verletzungen von Zotten der Fleischkrone durch Kronentritte.

Geht eine Hornspalte vom Kronen- bis zum Tragerande, so wird sie „durchlaufend“ genannt.

1. Die Tragerandspalten. Die Tragerandspalten kommen meist bei unbeschlagenen Hufen vor infolge schlechten Berundens. Sie sind ungefährlich und heilen unter Beschlag von selbst zu. Um ein Weiterreißen nach oben zu verhindern, brennt man eine Querrinne am oberen Ende der Spalte ein (Abb. 75b).

2. Die Kronenrandspalten. Die Kronenrandspalten sind **erheblichere** Hufleiden. Sie kommen am häufigsten in der Zeit des Haarwechsels der Pferde vor, sogar schon verheilte Spalten reißen in dieser Zeit leicht wieder ein.

Befinden sich oberflächliche Spalten oder Narbenhornrinnen an den **mehrbelasteten** Wandabschnitten, so kann sich bei Beschneidungs- und Beschlagfehlern aus einer Rinne eine Hornspalte entwickeln, z. B. bei **bodenengen** Hufen an der **äußeren Seite,** bei **stumpfen** Hufen an der **Zehe.**

Die Heilung einer Spalte erfolgt durch Nachwachsen zusammenhängenden Hornes von der Krone aus. Man muß zur schnelleren oder besseren Heilung eine Feststellung der Spaltränder zu erreichen suchen. Es geschieht dies durch Niete, durch Klammern oder durch einen Verband.

Die Niete werden quer durch die Spalte geführt, nachdem vorher mit dem Drillbohrer oder mit einem Pfriemen ein Kanal angelegt ist. Das Nieten verlangt Geschicklichkeit und soll vorher an toten Hufen fleißig geübt werden; es ist die beste Feststellung der Spaltränder. Lahmt das Pferd an einer Spalte, so soll man die Lahmheit erst durch Ruhe und Kühlen zu beseitigen versuchen. **Stark klaffende** Spalten nietet man **nicht** gleich **ganz zusammen,** sondern zieht nach einigen Tagen das Niet etwas nach, man klemmt sonst leicht vorgefallene Blättchen der Fleischwand ein und die Pferde sind dann nach dem Nieten sehr lahm.

Klammern und Agraffen, die auf der Hornwand befestigt werden, stellen die Spaltränder nicht so fest.

Ein Verband kommt zur Anwendung, wenn die Hornwand zum Nieten zu dünn ist.

Die Beurteilung der Heilbarkeit einer Spalte richtet sich nach folgenden Erfahrungssätzen:

Spalten ohne Lahmheit sind günstiger zu beurteilen als die mit Lahmheit.

Spalten, die in gerader Richtung verlaufen, heilen besser als solche in Zickzacklinie.

Weit klaffende, bewegliche Spalten, oder solche, deren Ränder sich übereinander legen, heilen schlechter. Hirnspalten an konkav verbogenen Wänden sind ungünstiger zu beurteilen.

Ist die Hornwand dick, läßt sich ein Niet durch die Spalte ziehen und hat der Huf gut entwickelte Trachten und einen gesunden Strahl, so tritt leichter Heilung ein.

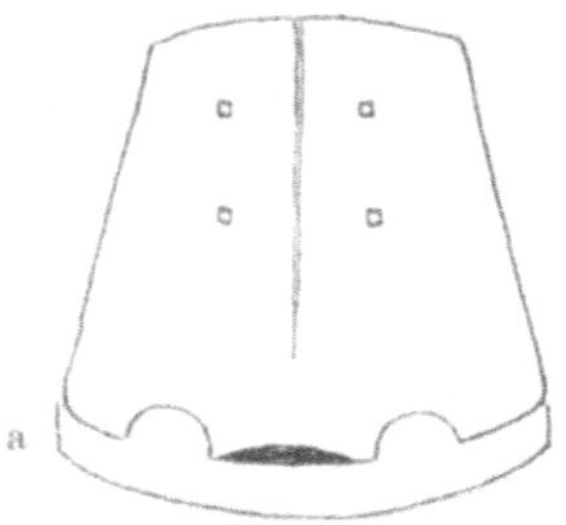
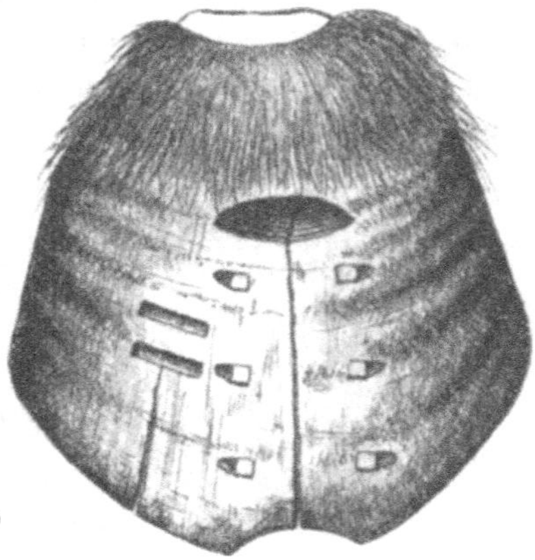

Abb. 75. **Zehenspalte.** a **beschlagen** b **genietet.**

Hohe Aktion der Gliedmaßen sowie andauerndes Arbeiten in schneller Gangart auf hartem Boden beeinflussen die Heilung ungünstig.

Blutende Hornspalten sind meist schwieriger zu heilen. Bei blutenden und stark klaffenden Spalten dringt leicht Schmutz ein, es entstehen dann **eiternde** Hornspalten, die stets mit starker Lahmheit verbunden sind.

Man teilt die Kronenrandspalten ein in

a) Zehenwandspalten. Die Zehenspalten kommen oft bei **stumpfen** Hufen vor, bei Hinterhufen häufiger als bei Vorderhufen. Die Spalten verlaufen fast immer vom Kronen- bis zum Tragerand und durchdringen meist alle 3 Schichten der Hornwand, sie öffnen sich bei der Entlastung des Hufes und schließen sich wieder bei der Belastung.

Ursachen: Beschlag mit Griff und Stollen; starkes Anrichten der Zehenaufzüge, besonders bei stumpfen Hufen; Kronentritte an der Zehe mit nachfolgender Narbenhornrinne.

Beschlag: Wenn die Spaltenränder stark klaffen, ein glattes Eisen mit Eckstrebenaufzügen oder ein Schlußeisen mit Huflederkittsohle, 2 seitliche Zehenaufzüge; Nagelung weit nach hinten verteilt; unter der Spalte eine starke Schwebe, die für eine Beschlagperiode ausreicht; **2 Niete,** die am **belasteten Hufe** angebracht werden, das erste 2 cm unterhalb der Krone, das zweite einige Zentimeter tiefer (Abb. 75a und b).

b) Seitenwandspalten. Diese Spalten kommen besonders an den **steilen,** mehr belasteten Wandabschnitten vor, und zwar **meist an der weitesten Stelle des Hufes**; sie öffnen sich bei der Belastung und schließen sich bei der Entlastung.

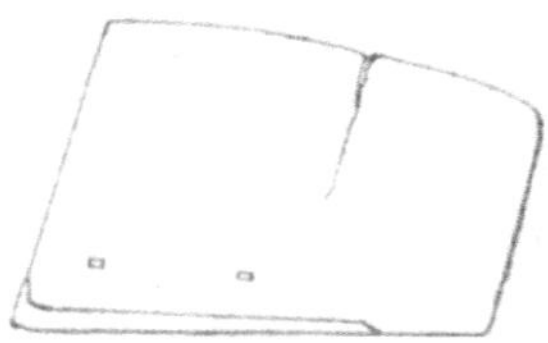

Abb. 76. Beschlag mit Halbmondeisen.

Ursachen: Schlechte Hufpflege, besonders zu starkes Trockenhalten der Hufe; dünne Hornwände; verlagerte Trachten; Zwanghufe und Strahlfäule. Schiefschneiden des Tragerandes innerhalb einer Wandhälfte, zu hohe innere Tracht bei diagonalen Hufen; zu enge und zu kurze Eisen. Eisen, die bei nach innen verlagerten Trachten nicht nach dem Verlauf der Krone gerichtet sind; falscher Tragerand, zu starke Schwebe.

Beschlag: Man sorge für einen planen Auftritt. Erlaubt es der Gebrauch des Pferdes und die Hufform, so ist Barfußgehen sehr zweckmäßig, ebenso der Beschlag mit Halbmonden oder Dreivierteleisen. Der halbe Schenkel muß weiter nach hinten reichen als eine Senkrechte vom Anfang der Hornspalte nach unten gezogen (Abb. 76).

Wo dieser Beschlag nicht durchführbar, kommt das geschlossene Eisen zur Anwendung. Dasselbe muß den Strahl zum Tragen heranziehen.

Hufeinlagen, besonders Ledersohlen mit Wergpolsterung sowie Hufléderkittsohlen leisten gute Dienste. Ist der Strahl stark verkümmert und besteht gleichzeitig Trachtenzwang, so nimmt man Eisen mit Eckstrebenaufzügen und behandelt den Strahl, bis er durch Nachwachsen wieder mit den Trachten in einer Höhe ist.

Ferner **nietet** man die Hornspalte am **entlasteten Hufe** oder legt einen Verband an.

Unter der Hornspalte macht man eine Schwebe, die für eine Beschlagperiode ausreicht und so weit nach hinten reicht wie eine Senkrechte vom Anfang der Hornspalte nach unten gezogen.

c) Trachtenwandspalten. Dieselben kommen besonders bei **spitzen** Hufen vor, aber auch bei den stumpfen Hufen der Traber mit hoher Aktion.

Heilung tritt ein bei Anwendung eines Schlußeisens mit Ledersohle. Bei Traberpferden bereitet die Heilung oft Schwierigkeiten.

3. Die Eckstrebenspalten, auch Eckstrebenbrüche genannt. Die Eckstrebenspalten kommen besonders bei **spitzen** Hufen vor, sind schwer zu heilen und häufig mit Lahmheit verbunden; oft tritt die Spalte erst zutage bei Fortnahme des toten Hornes aus den Sohlenschenkeln. Man sieht dann einen schwarzen oder rot gefärbten Riß, die Lahmheit ist meist sehr erheblich und mit Eiterung verbunden.

Ursachen: Eingezogene Trachten, zu hohe und daher verbogene Eckstreben, zu hohe Trachten.

Behandlung und Beschlag: Das tote Horn ist vorsichtig aus dem Sohlenschenkel zu entfernen und die Spaltenränder sind zu verdünnen. Besteht Lahmheit, so ist diese zunächst durch warme Fußbäder zu beseitigen. An der Spalte muß zur Heilung möglichst Ruhe bestehen. Man erreicht dies durch ein geschlossenes Eisen mit Ledersohle; die erkrankte Tracht läßt man gut schweben und macht die Abdachung des Eisens bis zum Stege desselben.

Man läßt die Pferde **längere Zeit** auf Schlußeisen gehen, da die Eckstrebenspalten leicht wiederkehren.

7. Die Hornkluft.

Unter Hornkluft versteht man eine Trennung der Hornwand in der Querrichtung der Hornröhrchen.

Ursachen: Meist infolge von Kronentritten, die mit Eiterung verbunden waren; es wird dann die Hornbildung in den Fleischzöttchen gestört und es bildet sich in der Hornwand eine Lücke. Die Hornkluft wächst allmählich vom Kronen- zum Tragerand hinab.

Beschlag: Unterhalb der Hornkluft macht man eine Schwebe. Ist die Stelle hinunter gewachsen, so nagelt man hier nicht, sondern gibt dem Eisen durch zwei Aufzüge am Hufe mehr Halt.

8. Die lose Wand.

Unter loser Wand versteht man die Trennung der Hornwand von der Hornsohle innerhalb der weißen Linie. Dieselbe kommt meist an den Vorderhufen vor, sowohl bei beschlagenen als auch bei unbeschlagenen. Die lose Wand ist entweder nur oberflächlich oder tiefgehend, nur letztere kann mit Lahmheit verbunden sein, in seltenen Fällen auch mit Eiterung. Geringgradige lose Wand bei sonst gesunden Hufen ist nicht von Bedeutung.

Ausgedehntere lose Wand, besonders bei spitzen weiten Hufen, ist schwer zu beseitigen und sind diese Pferde zu schnelleren Gangarten auf harten Straßen nicht zu gebrauchen. Durch geeigneten Beschlag können die Tiere in Schrittarbeit volle Verwendung finden.

Erstreckt sich die Trennung der Wand von der Sohle über größere Abschnitte des Hufes und reicht dieselbe weit nach oben, so spricht man von getrennter Wand. Diese kommt besonders bei weiten Hufen vor; man findet in den getrennten

Wandabschnitten oft eine schwärzliche schmierige Masse, meist sind die Pferde auch lahm.

Ursachen: Sehr schräger Verlauf der Wandungen bei weiten Hufen mit flach gewölbten Sohlen, zu starkes Erweichen der weiten Hufe, mangelhaftes Berunden beim Barfußgehen, schiefer Auftritt, zu schmale und zu enge Eisen, falscher Tragerand am Eisen, wenn das Eisen am inneren Rande dicker ist als am äußeren, mangelhafte Berührung vom Huf mit dem Eisen, zu starkes Aufsengen und zu langes Liegenlassen der Eisen.

Behandlung und Beschlag: Besteht Lahmheit, so muß diese durch Ruhe und Kühlen beseitigt werden.

Man beschneidet dann die Hufe der Form entsprechend und sorgt für einen planen Auftritt. Gegen die Fleischwand verbogene Hornwandabschnitte beraspelt man von oben und legt am Hufe einen breiten Tragerand an. Die ausgehöhlte Stelle wird mit Lysol- oder Kreolinlösung gereinigt, dann mit Teer bestrichen und mit Werg ausgefüllt.

Bei **nicht ausgebreiteter loser Wand** genügt ein **offenes** Eisen mit einem nach innen abfallenden Tragerand. Ein inniges Berühren von Eisen und Huf muß beim Aufpassen erreicht werden. Durch einen Seitenaufzug gibt man dem Eisen mehr Halt auf dem Hufe.

Bei **ausgedehnter loser** Wand kommt das **geschlossene** Eisen zur Anwendung, das besonders breit sein kann und innen und außen mit Seitenaufzug zu versehen ist, damit der Huf am Tragerand festgestellt wird. Bei Lahmheit nimmt man eine Ledersohle mit Wergpolsterung.

Der Beschlag muß alle vier bis fünf Wochen erneuert werden.

Gehen die Pferde nach dem Beschlage noch geringgradig lahm, so legt sich meist die Lahmheit bei Schrittbewegung in einigen Tagen.

Eisen mit Griff und Stollen sind stets zu vermeiden.

9. Die hohle Wand.

Die hohle Wand ist eine ausgebreitete Trennung der Schutzschicht von der Blättchenschicht, wobei es zur Bildung eines Hohlraumes kommt. Von außen erscheint die Hornwand an dieser Stelle abgebogen, beim Beklopfen hört man einen hohlen Klang. Die hohle Wand erstreckt sich oft über große Abschnitte des Hufes.

Von hohler Wand werden meist äußerlich gesund aussehende Hufe mit kräftigen, steilen Wänden betroffen; Lahmheit ist selten.

Ursache: Gewaltsame Einwirkung auf die Hornwand mit nachfolgender, schleichender Entzündung, z. B. Sitzenbleiben eines Hufes mit den Eisenschenkeln in den Straßenbahnschienen.

Behandlung und Beschlag: Reinigen der Höhle und Ausfüllen mit Teer und Werg, Freilegen der kranken Wandabschnitte; bei größerer Ausdehnung ein Schlußeisen.

Heilung erfolgt langsam, oft hilft nur, die abgetrennte Hornwand ganz fortzunehmen und das Horn unter Teerverband nachwachsen zu lassen. Dauer bis zu 6 Monaten.

10. Die Fäulnisvorgänge am Hufhorn.

a) Die Wandfäule.

Unter Wandfäule versteht man eine Zerstörung des Wandhorns durch Fäulnisvorgänge, wobei sich dieses in eine schwärzliche, bröcklige Masse auflöst. Das Horn verliert hierbei allmählich an Festigkeit und die Eisen lockern sich alsdann leicht.

Ursachen: Mürbe Beschaffenheit des Hufhorns z. B. bei weiten Hufen; nasse Streu, zu häufiges Waschen der Hufe, Benutzung ranziger Huffette, welche die Glasurschicht zerstören; zu schmaler Tragerand am Huf und Eisen; undicht aufgepaßte und zu schwere Eisen, Offenlassen der alten Nagelkanäle.

Behandlung und Beschlag: Entfernen der losen bröckligen Hornteile, Reinigen des Hufes mit 3%iger Lysol- oder Kreolinlösung. Alsdann sorge man für einen planen Auftritt, brenne das Eisen etwas mehr auf, um eine innige Berührung von Eisen und Huf zu erreichen, lasse die Brandkruste sitzen, damit die Hornröhrchen zugeschmort bleiben und keine Feuchtigkeit aufnehmen.

Zweckmäßig nimmt man ein geschlossenes Eisen mit Seitenaufzug, nagelt überall, wo festes Horn ist und nietet besonders sorgfältig zu. Die alten Nagellöcher werden gut verkittet. Halbmonde kommen bei entsprechender Hufform mit Erfolg zur Anwendung.

Trockene Streu und häufiges Einteeren der unteren Huffläche sind zur Beseitigung der Wandfäule erforderlich.

b) Die Strahlfäule.

Unter Strahlfäule versteht man die Zerstörung des Strahlhorns durch Fäulnisvorgänge, wobei sich das Horn in eine schmierige, übelriechende Masse auflöst.

Die Fäulnis beginnt meist in der mittleren Strahlfurche und breitet sich von hier weiter aus. Es bilden sich Gänge und Kanäle, das Horn des Strahls wird allmählich zerstört, verliert seine elastische Eigenschaft, der Strahl verschwindet oft ganz. Greift die Fäulnis auf die Ballen über, so erkrankt auch das Saumband, es entstehen die Saumbandringe, welche auf der Hornwand liegen und vom Kronen- zum Tragerand laufen.

Verkümmert der Strahl, so kommt er nicht mehr mit dem Erdboden in Berührung, schwindet dann immer mehr, die Trachtenecken rücken zusammen, es können sich Zwanghufe, Hornspalten und Steingallen entwickeln.

Ursachen: Schlechte Streu, mangelhafte Hufpflege, zu starke Beschneidung des Strahls, ungleich hohe Trachten, wodurch die mittlere Strahlfurche einreißt, Hufeinlagen, die die Luft vom Strahl abhalten.

Behandlung: Die von Fäulnis angegriffenen Stellen werden vorsichtig mit dem Rinnmesser entfernt und die Gänge und Kanäle freigelegt. Dann reinigt man den Strahl mit 3%iger

Lysol- oder Kreolinlösung oder macht ein Fußbad in Chlorkalkwasser und wiederholt dies so lange, bis die Fäulnis beseitigt ist.

Ist der Strahl sehr weich, so nimmt man austrocknende Mittel, wie pulverisierten, gebrannten Alaun. Im Stall legt man zur Abhaltung der Feuchtigkeit eine Strohsohle ein.

Nach Beseitigung der Fäulnis teert man fleißig.

Haben sich die Trachtenecken gegen den Strahl verbogen, so müssen sie vorsichtig fortgenommen werden, damit der Strahl Platz findet, sich wieder auszudehnen.

Barfußgehen, Beschlag mit Halbmonden bzw. mit Dreiviertelеisen sowie Bewegung sind sehr zweckmäßig.

Gute Streu und gute Hufpflege sind besonders wichtig.

11. Die Zwanghufe.

Als Zwanghuf bezeichnet man eine Verengerung an der Hornkapsel, wodurch die Fleischteile gedrückt und eingezwängt werden.

Ist diese Verengerung nur gering, so verlieren die Pferde, besonders auf hartem Boden, ihren freien Gang, sie gehen klamm; ist die Verengerung aber erheblich, so stellt sich Lahmheit ein.

Nach dem Sitz der Verengerung unterscheidet man:

1. Trachtenzwang.
2. Kronenzwang.
3. Sohlenzwang.

1. Der Trachtenzwang. a) Der Zwang enger Hufe (eigentlicher Trachtenzwang). Es besteht eine Verengerung an den hinteren Abschnitten des Hufes, die Trachtenwände sind stärker nach innen geneigt, der Strahl und das Strahlpolster sind geschwunden, die Eckstreben gegen die Sohlenschenkel verbogen.

Das Leiden fängt oft mit verschobenen, nach innen verlagerten Trachten oder gegen den Strahl verbogenen Trachtenecken an.

Werden die Veränderungen bei der Beschneidung des Hufes übersehen, so verengert sich der Huf hinten immer mehr. Die

Trachtenecken rücken zusammen, der Strahl wird länger und schmaler, die Strahlfurchen werden tiefer, die Sohle wölbt sich nach aufwärts; der ganze Huf wird am Tragerand enger als am Kronenrande (Abb. 77).

Bei **bodenengen** und **bodenweiten** Hufen, besonders wenn diese **mit diagonaler Umformung** verbunden sind, kommen die beschriebenen Veränderungen oft **nur einseitig,** und zwar auf der **steilen** Seite vor (halber Zwanghuf).

Bei diagonalen Hufen sieht man die innere Trachten-

Abb. 77. Trachtenzwanghuf.

Abb. 78. Zwanghuf diagonaler Hufe.

wand nach oben verschoben; ist der Strahl ganz geschwunden, so legt sich der innere, nach oben verschobene Ballen über den äußeren (Abb. 78).

Der Zwang enger Hufe kommt fast nur bei beschlagenen Pferden vor. Sind die Veränderungen nicht hochgradig, so bekunden die Pferde die Enge im Hornschuh durch Vorsetzen der Hufe, durch klammen Gang besonders in trockener Jahreszeit und auf hartem Boden und durch häufiges Stolpern.

Ist der Zwanghuf hochgradig entwickelt, so lahmen die Pferde, stellen die Fesselgelenke steiler, werden auch lose im Knie. Gleichzeitig entwickeln sich Steingallen oder Hornspalten.

Ursachen: Starkes Austrocknen der Hufe, mangelnde Bewegung, schlechte Strahlpflege. Zu hohe Trachten, so daß der Strahl nicht mit dem Boden in Berührung kommt und infolgedessen verkümmert; zu lange Zehe, zu starkes Beschneiden der Sohlenschenkel, der Eckstreben und des Strahls.

Zu enge und zu kurze Eisen, falscher Tragerand, andauernder Beschlag mit Stollen.

Behandlung und Beschlag: Man beseitigt die Ursachen und sorgt für einen planen Auftritt. Die gegen den Strahl verbogenen Trachtenecken entfernt man und läßt den verkümmerten Strahl gut pflegen. Zu trockene Hufe müssen feucht eingeschlagen werden.

Barfußgehen, Beschlag mit Halbmonden bzw. Dreivierteleisen werden mit gutem Erfolg angewandt.

Sind ganze Eisen erforderlich, so nimmt man bei leichten Graden des Zwanghufes glatte Eisen. Der Tragerand fällt an den Schenkelenden nach außen ab, genagelt wird in den vorderen Teilen des Hufes.

Auch das Eisen mit Eckstrebenaufzügen kommt zur Anwendung, besonders wenn der Huf am Tragerande enger ist als am Kronenrande.

Die Erweiterung des Hufes durch Eisen mit einer Erweiterungsschraube kann nur durch Tierärzte bewirkt werden.

Bei hochgradigem Zwanghuf wird das geschlossene Eisen gebraucht, entweder mit Ledersohle und Wergpolsterung oder mit Huflederkitteinlage. Gerade letztere Einlage erweitert langsam aber sicher den Huf, und zwar vom Kronenrande aus.

b) Der **Zwang** regelmäßiger und spitzer Hufe. Es besteht an den Trachten eine Einschnürung, bei den halbeng-halbweiten und diagonalen Hufen oft nur einseitig an der steilen Wandhälfte.

Neben der Einschnürung findet man häufig mehrere parallel verlaufende Ringe.

Der Strahl ist schmaler, die Eckstreben sind verbogen, die Pferde haben meist einen klammen Gang.

Ursachen: Zu lange Zehe, besonders bei spitzen Hufen, zu starkes Beschneiden der Sohlenschenkel und der Eckstreben. Zu kurze und zu enge Eisen, Beschlag mit Stollen.

Behandlung und Beschlag: Beseitigung der Beschneidungsfehler. Bei regelmäßigen Hufen Barfußgehen oder Beschlag mit Halbmonden; bei spitzen Hufen lange, weite Schlußeisen mit Ledersohle und Wergpolsterung.

2. Der Kronenzwang. Der Kronenzwang kommt bei **weiten Hufen** vor; es besteht eine Einschnürung unter der Krone an den Trachten, oft auch bis zu den Seitenwänden hin (Abbildung 79.

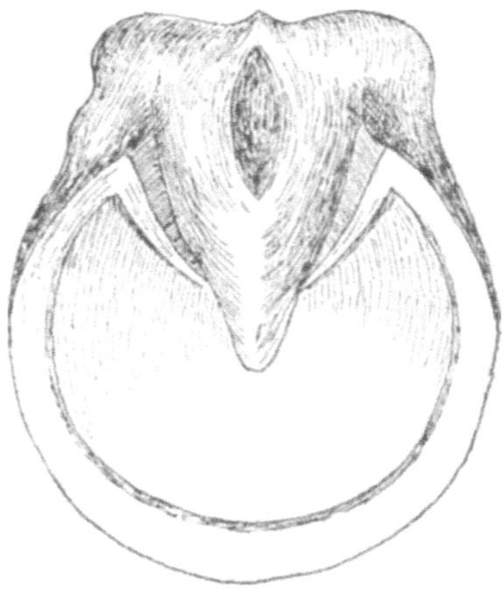

Abb. 79. Kronenzwang.

Man sieht diesen Zwang besonders bei Niederungspferden, wenn diese vom Lande auf das Pflaster der Stadt kommen und wegen Druse längere Zeit im Stalle stehen müssen, sich allmählich entwickeln.

Die Lahmheit ist oft erheblich und dauert so lange, bis die Einschnürung hinuntergewachsen ist.

Ursachen: Die weiten Hufe neigen zu einer Verengerung am Kronenrande, weil die Hornwände sehr schräg nach außen stehen.

Werden nach dem Überführen der Pferde auf das Pflaster der Stadt die Hufe nicht mit Rücksicht auf ihre Form beschnitten und beschlagen, so erkranken sie leicht an Kronenzwang.

Die hauptsächlichsten Beschneidungs- und Beschlagsfehler sind folgende:

Zu starkes Erniedrigen der Hufe und Beraspeln der Wände von oben. (Letzteres geschieht oft auf Wunsch der Pferdehändler bei neu angekommenen schweren Arbeitspferden, um den Hufen ein besseres Aussehen zu geben.)

Zu starkes Ausschneiden der Sohle.

Zu schmale, zu enge und zu kurze Eisen, wagerechter Tragerand; Stolleneisen, die den Strahl noch mehr vom Boden entfernen.

Behandlung und Beschlag: Zur Beseitigung des Kronenzwanges und der damit verbundenen Lahmheit ist Arbeit nötig.

Zum Beschlagen nimmt man ein **geschlossenes, breites, langes** und **weites** Eisen. Im Steg muß eine gute Abdachung für den Strahl sein. Damit der Huf am Tragerande nicht noch weiter wird, bringt man am Eisen **innen** und **außen** einen **Seiten-**

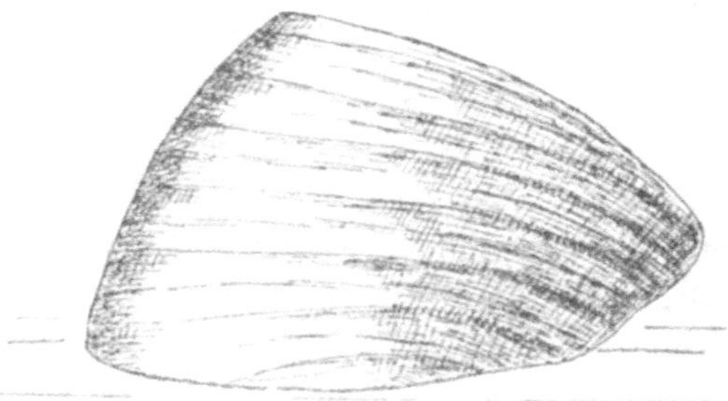

Abb. 80. Sohlenzwang.

aufzug an, nagelt mit möglichst vielen Nägeln das Eisen auf und verteilt sie weit nach hinten.

3. Der Sohlenzwang. Der Sohlenzwang ist selten, kommt besonders bei **Hufen mit dicken Wandungen** vor und hat nur an Vorderhufen Bedeutung.

Die Zehenwand ist krallenartig verbogen, die Trachten sind stark untergeschoben, die Sohle mehr gewölbt (Abb. 80).

Die Pferde haben meist einen stolperigen Gang und laufen sich eine starke Zehenrichtung an.

Ursachen: Zu viel Horn bei starkwandigen Hufen, besonders in der Sohle, große Trockenheit des Horns, zu wenig Bewegung.

Behandlung und Beschlag: Erweichende Umschläge, Entfernen des toten Hornes aus der Sohle, und zwar mehr als gewöhnlich; Halbmonde oder glatte Eisen mit starker Zehenrichtung und zwei Seitenaufzügen.

11a. Die eingewickelten Trachten.

Dieses Leiden kommt besonders bei spitzen, weiten Hufen mit niedrigen, schwachen Trachten vor.

Die Trachtenwände haben sich nach dem Strahl zu umgewickelt und liegen auf den Eckstreben, die unterhalb gelegenen Fleischteile werden gequetscht. Die Pferde gehen meist lahm, nicht selten bestehen gleichzeitig Steingallen und Eckstrebenbrüche, die erst nach Fortnahme des toten Hornes aus den Sohlenschenkeln zutage treten.

Behandlung und Beschlag: Zurückschneiden der umgewickelten Trachtenwände, Entfernen des toten Hornes aus den Sohlenwinkeln, bis die Verbindung der weißen Linie mit der Eckstrebe deutlich hervortritt. Schlußeisen mit Ledersohle.

12. Flach- und Vollhufe.

Bei einem Flachhuf ist die Sohle sehr wenig gewölbt und liegt mit dem Tragerand des Hufes in einer Ebene.

Am häufigsten findet man ihn bei den weiten Hufen der Marschpferde; der Strahl ist sehr breit, stark entwickelt und liegt tiefer als die Trachten.

Ursachen: Starkes Erweichen der Hufe, Schwächen der Hornsohle, zu schmaler Tragerand am Huf.

Zu dünne und zu schmale Eisen, horizontaler Tragerand; Beschlag mit Griff und Stollen.

Beschlag: Sohle und Strahl sind zu schonen, am Huf ist ein breiter Tragerand anzulegen. Dickes, breites, stollenloses Eisen mit stark schräg nach innen abfallendem Tragerand und zwei Seitenaufzügen. Schlußeisen mit Ledersohle ist oft sehr zweckmäßig.

Die Eisen läßt man **lange liegen,** da diese Hufe langsam wachsen.

Bei einem Vollhufe ist die Sohle nach unten hervorgewölbt.

Man unterscheidet ganzen und halben Vollhuf, Sohlenkörper- und Sohlenschenkel-Vollhuf. Pferde mit Vollhufen sind auf dem Pflaster nur im Schritt zu gebrauchen.

Der Zustand ist unheilbar.

Behandlung und Beschlag: Das Eisen ist vorsichtig abzunehmen. Da die Pferde ohne Eisen nur kurze Zeit stehen können, ist *ein Huf nach dem andern* zu beschlagen.

Das Horn ist an der Sohle meist sehr dünn, man darf hier also nur wenig und vorsichtig schneiden. Der Beschlag ist nach dem Grade der Herabwölbung der Sohle, nach der Breite des Tragerandes und der Beschaffenheit der Hornwand verschieden. Hat der Tragerand noch Horn und besteht nur Sohlenschenkel-Vollhuf, so nimmt man ein breites, geschlossenes Eisen, das an den Schenkelenden gut abgedacht ist.

Bei mangelhaftem Tragerand und ganzem Vollhuf sucht man den Tragerand durch Hufiederkitt zu ersetzen. Alsdann nimmt man ein breites, geschlossenes Eisen mit zwei Seitenaufzügen; die Abdachung im Eisen muß so stark sein, daß die Sohle, welche gegen jeden Druck sehr empfindlich ist, nicht mit dem Eisen in Berührung kommt. Eine Ledersohle ist sehr geeignet. Bei hochgradigem Vollhuf muß man oft ein Schlußeisen mit Griff und Stollen nehmen. Man nagelt da, wo gutes Horn ist, und läßt die Eisen möglichst lange liegen.

13. Der Rehe- und Knollhuf.

Unter Rehe oder Verschlag versteht man eine Entzündung an der Wandlederhaut der Zehe. Durch diese lockert sich die Verbindung der Fleisch- mit den Hornblättchen, das Hufbein ändert seine Lage, es stellt sich mehr senkrecht; der scharfe Rand kommt oft vor der Strahlspitze zum Durchbruch. Die Zehenwand weicht in der entgegengesetzten Richtung ab und stellt sich nicht selten mehr horizontal. Die Kronenwulst fällt ein (Abb. 81).

Die Rehe befällt meist die Vorderhufe, seltener die Hinterhufe, noch seltener alle vier Hufe.

Die Pferde äußern bei dieser Erkrankung große Schmerzen an der Zehe; hier sind alle Erscheinungen einer frischen Hufentzündung festzustellen. Die Gliedmaßen werden schleudernd nach vorn gebracht und wegen der Schmerzen an der Zehe nur mit den Trachten aufgesetzt. Oft liegen die Tiere viel, sind nur schwer zum Aufstehen zu bewegen. Bei den ersten Schritten nach dem Aufstehen äußern die Pferde starke Schmerzen und schwitzen erheblich.

Besteht die Rehe längere Zeit und ist die Erkrankung hochgradig, so formen sich die Hufe zu Rehehufen um. Die Trachten sind höher und steiler, die Zehenwand ist gegen die Fleischteile eingebogen, die sonst wulstige Krone eingefallen.

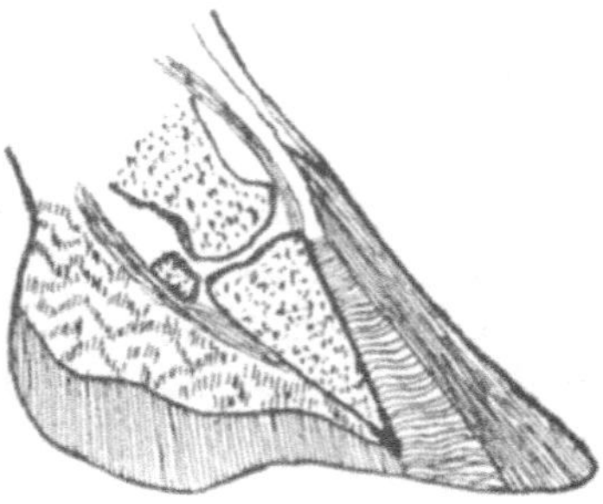

Abb. 81. Der Rehehuf.

Die Sohle ist vor der Strahlspitze abgeflacht und es kann bei schwerer Erkrankung das Hufbein mit seiner Spitze durch die Hornsohle durchkommen. Ferner bilden sich am Hufe Ringe, die an der **Zehe dicht zusammenliegen** und nach den **Trachten auseinander gehen.** Die Zehenwand verdickt sich immer mehr und erhält oft knollenartige Auflagerungen; es hat sich aus dem Rehehuf ein Knollhuf gebildet. Die weiße Linie erscheint stark verbreitert, das Horn derselben ist mürbe und bröcklig.

Die Entzündung an der Fleischwand der Zehe kann bei frühzeitiger Behandlung beseitigt werden, so daß es nicht zur Entstehung des eben beschriebenen Rehehufes kommt.

Werden die Pferde aber zu spät in Behandlung genommen oder ist die Erkrankung besonders hochgradig, so läßt sich die Entwicklung des Rehe- bzw. Knollhufes nicht verhindern.

Die **Ursache** der Rehe ist entweder Überfütterung oder Erkältung; auch nach großen Anstrengungen, z. B. Distanzritten, erkranken die Pferde daran.

Behandlung und Beschlag: Der Schmied bekommt den Rehe- und Knollhuf in den verschiedensten Graden der Entwicklung zu sehen. Dementsprechend ist auch die Beschneidung und der Beschlag verschieden.

Die eingebogene und verdickte Zehenwand beraspelt man von oben bis zur Grenze der verbreitert erscheinenden weißen Linie. **Vor der Strahlspitze sei man vorsichtig** mit Fortnahme des toten Hornes aus der abgeflachten Sohle, da hier leicht durch geschnitten werden kann; die Trachten müssen erniedrigt werden.

Ist die Hornsohle noch gewölbt, so kann man ein einfaches Eisen nehmen, zeigen sich noch Schmerzen an der Zehenwand, so nimmt man anstatt des Zehenaufzuges zwei seitliche Zehenaufzüge und macht an der Zehe des Hufes eine starke Schwebe; man nagelt mehr nach hinten.

Bei abgeflachter Hornsohle nimmt man ein Schlußeisen, das an der Zehe besonders breit ist. Den Steg des Eisens bettet man gut in den Strahl ein, um bei der Trachtenfußung ein Verschieben des Eisens nach vorn zu verhindern. An der Zehe des Hufes macht man ebenfalls eine starke Schwebe und nagelt weit nach hinten. Eine Ledersohle nebst Wergpolsterung ist sehr zweckmäßig.

Bei Reitpferden kommen oft Halbmonde mit gutem Erfolg zur Anwendung.

Stabsveterinär Dr. Stark hat beim Rehefuß einen Beschlag eingeführt, der selbst noch bei Sohlendurchbruch die besten Erfolge hatte.

Stark sucht in einem breiten, der ganzen Sohlenfläche genau angepaßten Eisen eine Stütze zu geben, und zwar unter Freilegung der Zehe (Abb. 82). Während bislang dies durch Einlegen einer Ledersohle und Wergpolsterung erfolgte, nimmt Stark ein breites Stempeleisen, das die ganze untere Sohlenfläche bedeckt. Die Tragefläche des Eisens ist je nach der Abwärtswölbung der Sohle mehr oder weniger ausgehöhlt. Für den Strahl ist ein Ausschnitt. Das Eisen ist dem alten deutschen Eisen ähnlich, 6—7 mm dick, die Nagellöcher sitzen weit nach hinten, Zehen- und Seitenaufzüge fehlen, die Schenkelenden sind schlittenkufenartig aufgebogen.

Die Beschneidung ist nicht abweichend, nur werden die Eckstreben in einer Ebene mit dem Tragerand gelassen und so voll zum Tragen herangezogen.

Bei Sohlendurchbruch hat das Eisen an der Stelle des Durch-

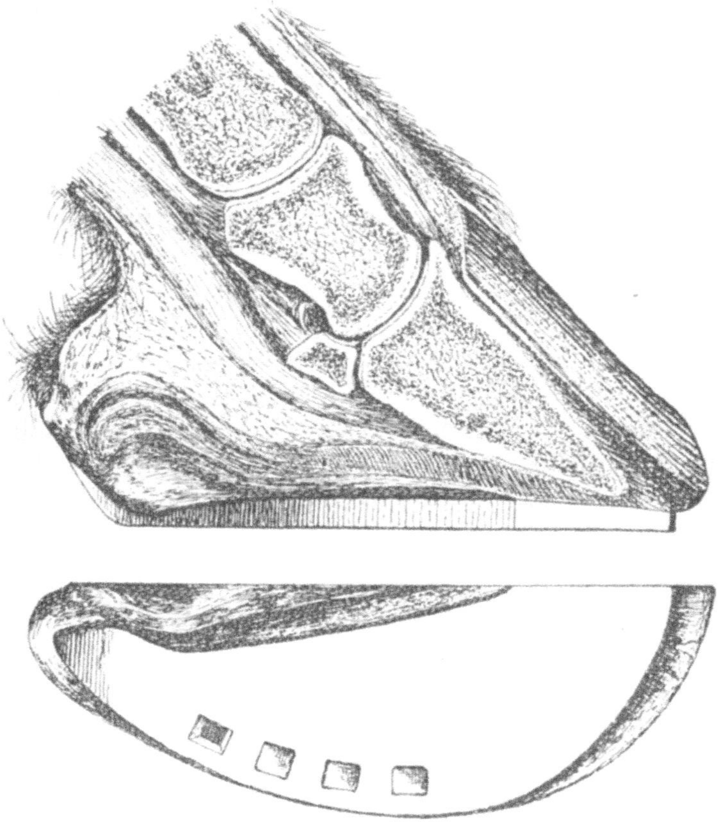

Abb. 82. Querschnitt eines Rehehufes, nach Stark beschlagen.

bruchs ein Fenster, so daß das Eisen hier nicht aufliegt. Nach fertiggestelltem Beschlage wird das Fenster mit Huflederkitt geschlossen; auf diese Weise kann der freiliegende Teil des Hufbeins behandelt werden.

Durch diesen Beschlag wird das Hufbein gestützt; durch

das Heranziehen der Sohle zum Tragen letztere zum Wachstum kräftig angeregt.

Schon beim zweiten Beschlage kann man erkennen, daß die Sohle stärker geworden ist: späterhin bildet sich eine volle Sohle.

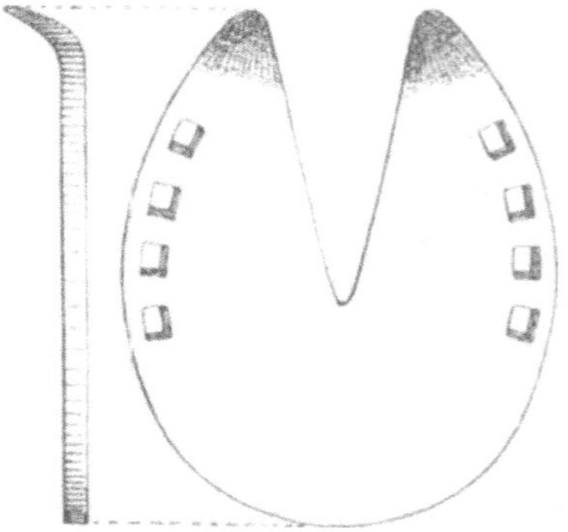

Abb. 83.

Die Erneuerung des Beschlages ist von Fall zu Fall zu regeln.

Die Lahmheit verliert sich schnell, ebenso der schleudernde Gang. Auch das Horn der Zehenwand wächst mit der Zeit wieder geradlinig herinter. Mit diesem Beschlage sind bei Rehehufen vielfach recht günstige Erfolge erzielt worden (Abb. 83 und 84).

Knollhufe sind besonders schwierig zu beschlagen. Die knollenartigen Auflagerungen müssen vorsichtig mit der Raspel abgetragen werden. Häufig besteht an der Zehenwand noch hohle Wand.

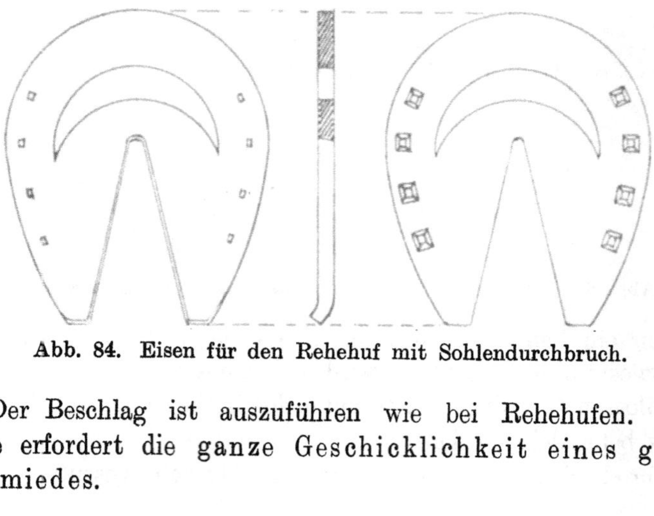

Abb. 84. Eisen für den Rehehuf mit Sohlendurchbruch.

Der Beschlag ist auszuführen wie bei Rehehufen. Derselbe erfordert die ganze Geschicklichkeit eines guten Schmiedes.

14. Der Bockhuf.

Als Bockhuf bezeichnet man einen Huf, bei welchem die Trachten im Verhältnis zur Zehe viel zu hoch sind.

Der Bockhuf kann

1. angeboren sein.

   Bei der bärenfüßigen und stark rückständigen Stellung; alsdann ohne Bedeutung. In seltenen Fällen ist auch nur an einem Schenkel ein Bockhuf vorhanden.

2. erworben sein.

Durch Krankheiten der Gliedmaßen, z. B. Schale, Spat, Sehnenverkürzung.

Man muß alsdann die Trachten möglichst schonen, oft noch künstlich erhöhen durch Eisen mit verdickten Schenkeln oder durch Stollen.

Bei stark verbrauchten Hintergliedmaßen bildet sich oft der Bockhuf so hochgradig aus, daß die Zehenwand senkrecht steht und die Trachten gar nicht den Boden berühren.

Abb. 85. Stelzfuß.

Die Pferde schleifen sich bei der Arbeit die Zehe stark ab.

Man schont auch hier die Trachten, und nimmt ein Stolleneisen mit breiter Zehe und starker Zehenrichtung. Die Ränder des Eisens an der Zehe sind ausgesprochen bodenweit. Bei sehr starker Zehenabnutzung am Eisen muß man noch eine Stahlplatte einschweißen.

Am hochgradigsten ist der Bockhuf beim Stelzfuß entwickelt. Hier kippen der Fessel und der Huf nach vorn über, es tritt Überköten ein. Man schlägt dann ein Bügeleisen auf (Abb. 85).

Bei **jungen Pferden** entsteht oft der Bockhuf beim Barfußgehen durch zu starke Abnutzung der Hufzehe. Die Zehenwand ist dann oft etwas konkav verbogen, es liegen Ringe in der Zehenwand, die nach den Trachten weiter auseinander gehen. Die Trachten sind zu hoch, das Fesselgelenk stellt sich steiler. Hier muß man versuchen, die Hufe wieder in ihre natürliche Form, passend zum Fesselstand, zurückzubringen. Es wird dies erreicht durch ganz allmähliche Erniedrigung der Trachten sowie durch Beschlag mit Halbmonden, die an der Zehe noch bodenweit sind.

15. Die Hornsäule.

Eine Hornsäule ist eine schwielige Verdickung in der Blättchenschicht der Hornwand, die auf die Fleischwand und auf das Hufbein einen Druck ausübt. Leicht kann hierdurch Lahmheit entstehen. Hornsäulen sind oft mit Zehenspalten verbunden.

Macht man einen dünnen Schnitt über den Tragerand, so zeigt sich in der weißen Linie oft eine der Dicke der Hornsäule entsprechende Verbreiterung nach der Hornsohle hin. In der Umgebung sieht das Horn wachsartig aus.

Hornsäulen sind ungünstig zu beurteilen, dieselben können nur durch eine Operation beseitigt werden.

Beim Beschlage läßt man an der Stelle, wo die Hornsäule sich befindet, eine starke Schwebe am Huf anbringen.

16. Der Hufkrebs.

Unter Hufkrebs versteht man eine langsam verlaufende Entzündung der Lederhautteile.

Dieselben fangen an zu wuchern, es wird eine schmierige, übelriechende Masse gebildet, zur Entstehung von festem Horn kommt es nicht. Die Wucherungen gehen von den Zöttchen und Blättchen aus.

Die Krankheit fängt meist am Strahl an und kann sich über den ganzen Huf ausdehnen.

Die Behandlung ist Sache des Tierarztes.

17. Der Beschlag der kaltblütigen, schweren Pferde.

Die kaltblütigen Pferde haben oft große, niedrige Hufe mit dicken, schräg zum Erdboden verlaufenden Wänden, flach gewölbten Sohlen und schwachen Trachten. Das Horn ist grobfaserig und wenig widerstandsfähig, es wird leicht brüchig und mürbe.

Die Befestigung der Hufeisen ist dann schwer.

Da die Hornwand sehr schräg zum Erdboden steht und die Sohle flach gewölbt ist, stellen sich leicht Hufkrankheiten, wie lose und getrennte Wand, Flach- und Vollhuf, Eckstrebenbrüche, eingewickelte Trachten und Zwanghufe ein.

Auch Verknöcherung der Hufbeinknorpel und Steingallen kommen häufig vor.

Eben genannte Erkrankungen treten besonders leicht ein, wenn die Pferde von dem heimatlichen weichen Boden auf das harte Pflaster der Stadt kommen und die Hufe dann nicht der Form entsprechend beschnitten und beschlagen werden.

Große Ruhe und Besonnenheit ist schon beim Hochhalten der Pferde zum Beschlagen erforderlich, da der Beschlag in der Heimat oft im Notstande ausgeführt wird. Herzhaftigkeit des Aufhalters ist hier viel wert. Zweckmäßig nimmt man ein langes, starkes Handtuch zum Aufhalten, das um die Köte geschlungen und dann leicht zugedreht wird.

Auch nimmt man beide Hufeisen nicht gleichzeitig ab, da die Tiere ohne Eisen schlecht stehen können.

Beim Zurichten der Hufe und Beschlagen beachte man folgendes:

Man schone die Glasurschicht.

Der Tragerand ist wenig zu erniedrigen, da die Hufe langsam wachsen, konkav verbogene Wandabschnitte beraspele man von oben.

Die äußere scharfe Kante am Hufe muß besonders gut berundet werden.

Aus der flach gewölbten Sohle entfernt man vorsichtig nur das tote Horn um den Strahl herum und läßt den Tragerand recht breit.

Die Sohlenschenkel befreit man von dem abgestorbenen Horn und erniedrigt vorsichtig die Eckstreben in der Querrichtung der Hornfasern, bis die Begrenzung der weißen Linie deutlich hervortritt.

Zu hoch gelassene Eckstreben legen sich häufig unter Verbiegung auf die Sohlenschenkel, besonders wenn die Gliedmaßen noch spitz gewinkelt sind und die Trachten dadurch mehr belastet werden.

Es entstehen dann leicht Eckstrebenbrüche, Quetschungen und Zerrungen der oberhalb liegenden Fleischteile (Steingallen).

Den von Natur aus breiten und kräftigen Strahl beschneidet man am besten gar nicht.

Je kräftiger und gesunder der Strahl, um so besser ist es für diesen Huf.

Man nimmt **dicke, breite** Eisen, am besten ohne Stollen, mit einem stark **schräg von außen nach innen** abfallenden Tragerand, soweit die Wände schräg stehen.

Die Abdachung muß wegen der flachen Sohlenwölbung ziemlich stark sein, das Eisen darf nicht die Sohle berühren.

Die Hornwand ist dick und steht sehr schräg zum Erdboden. Die Eisen müssen daher tiefer gelocht sein und die Nagelkanäle eine stärkere Neigung nach innen haben.

Die Hufe werden unter dem Beschlage leicht am Tragerand noch runder und weiter und am Kronenrand enger.

Es bilden sich lose Wände und Einschnürungen an der Krone (Zwang weiter Hufe).

Um das Weiterwerden am Tragerand zu verhindern, macht man zweckmäßig außen, wenn nötig auch innen, einen Seitenaufzug, der dicht vor der weitesten Stelle des Hufes zu liegen kommt.

Seitenaufzüge geben außerdem dem schweren Eisen mehr Halt am Hufe.

Besonderer Wert ist auf das Aufnageln der Eisen zu legen, da ein Verlieren derselben auf alle Fälle verhindert werden muß.

Ohne Eisen können Pferde mit flachen Hufen nicht gehen. Das Festliegen der Eisen ist nur zu erreichen durch gut sitzende Aufzüge, die etwas stärker und höher sind als gewöhnlich, durch eine innige breite Berührung des Tragerandes des Hufes mit dem des Eisens, **durch** gute Nagelkanäle und durch gut verteilte und vernietete Hufnägel.

8 Hufnägel, etwas mehr nach hinten verteilt, sind meist erforderlich.

Besteht in größerer Ausdehnung lose oder getrennte Wand, liegt der Strahl **tiefer** als die Trachten, so kommt das **geschlossene** Eisen zur Anwendung. Der Steg muß **recht breit** sein und dem Strahl eine seiner Form entsprechende gute Stütze geben.

Liegt der Strahl **sehr viel tiefer** als die Trachten, so sind **geschlossene** Eisen **mit Stollen** erforderlich. Oft gelingt es, den Strahl wieder in seine richtige Lage in gleicher Höhe mit den Trachten zurückzubringen.

Bei empfindlichen Hufen mit flach gewölbten Sohlen ist eine Ledersohle zu empfehlen. Solche Pferde gehen auch auf Strickeisen mit Steg oft recht gut.

Da die Hufe langsam wachsen, können die Eisen mindestens 6 Wochen liegen.

Häufig kommt auch die bodenenge Stellung vor, die Stützfläche ist nur klein.

Die äußere, stärker belastete, steile Wand des Hufes wird leicht zu hoch, das Eisen nutzt sich hier schneller ab.

Bei der Beschneidung muß die äußere Wand mehr erniedrigt werden.

Um das zu schnelle Abnutzen des Eisenschenkels zu verhindern, macht man ihn **breiter**; um dem Hufe und damit auch der Gliedmaße außen eine bessere Stützfläche zu geben, macht man den äußeren Eisenschenkel **weit, bodenweit und lang.** Die Lochung muß dann an der entsprechenden Stolle etwas tiefer sein.

Zum Nageln benutzt man besonders die innere, dicke Wand, an der steilen äußeren dünnen Wand ist man beim Einschlagen der Hufnägel besonders vorsichtig.

Sollen Griffeisen aufgeschlagen werden, so sind die äußere Griffkante und der äußere Stollen etwas niedriger zu halten.

Im übrigen verweise ich auf die Angaben bei den einzelnen Erkrankungen der Hufe.

Fünfter Abschnitt.

1. Der Beschlag der Esel und Maultiere.

Die Hufe der Esel und Maultiere haben denselben Bau und dieselben allgemeinen Eigenschaften wie die Hufe der Pferde; nur die Form ist eine andere.

Der Eselhuf ist sehr hoch und schmal, der Strahl kurz und am Grunde breit, die Wände stehen sehr steil und sind dick.

Der Huf der Maultiere ist lang, hoch und schmal, hat ebenfalls einen breiten Strahl und eine stark gewölbte Sohle.

Man nimmt beim Beschlagen leichte Eisen, die mit Rücksicht auf die **bedeutende Dicke der Hornwand tief gelocht** sein müssen.

4 Nägel reichen zur Befestigung des Eisens aus. Da Esel und Maultiere oft sehr störrisch sind, so muß man beim Aufhalten dieser Tiere zum Beschlagen viel Geduld haben. Müssen Maultiere oft auf schmalen Gebirgspfaden mit Steingeröll gehen, so nimmt man breite Eisen, die außen und an der Zehe den Huf überragen und dementsprechend tief gelocht sein müssen. Durch diese breiten Eisen haben die Maultiere mit ihren kleinen Hufen auf den schmalen Gebirgspfaden mehr Stützfläche und mehr Halt, auch wird die Sohle mehr geschützt.

Das Aufpassen dieser tief gelochten Eisen, welche den äußeren Rand des Hufes überragen, erfordert besondere Übung und Vorsicht beim Einschlagen der Hufnägel.

2. Der Beschlag der Rinder.

Das Fußende des Rindes ist gespalten, die Fessel-, Kronen- und Klauenbeine sind doppelt vorhanden. Anstatt eines Hufes hat man an jedem Fuße zwei Hufe. Sie werden Klauen genannt und als eine äußere und innere Klaue bezeichnet.

Jede Klaue besteht aus der Hornwand, der Hornsohle und dem Hornballen; ein Strahl mit Strahlpolster fehlt.

Die Hornwand ist **viel dünner,** aber zähe und hart.

Das Wachstum des Hornes erfolgt wie beim Pferde.

Die Klauen haben bedeutende Unterschiede in der Form und Größe je nach der Rasse der Ochsen.

Die Vorderklauen sind mehr rundlich, die Hinterklauen mehr spitzrund geformt. Demnach werden auch verschieden geformte Klaueneisen verwendet, die sich sowohl durch den Sitz der Feder als auch durch ihre Gestalt unterscheiden. Bei kleinen Rindern oder Ochsen schlägt man einfache gestanzte Bleche ohne Federn auf.

Bei größeren Ochsen werden stets Eisen mit Federn gebraucht. Die Feder soll das Abklappen der Eisen von innen nach außen verhindern. Der Sitz der Feder ist sehr verschieden, entweder vorn an der Zehe oder außen, oft kommen auch beide Federn vor. Die Feder soll so angebracht sein, daß sie einen Teil der Klaue umfaßt. Je weiter die Feder nach hinten rückt, um so mehr muß sie schräg nach vorn ausgezogen und um so länger muß sie sein.

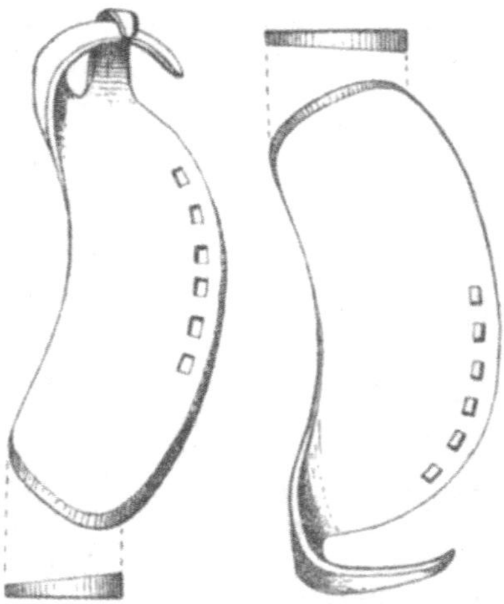

Abb. 86a. Abb. 86b.

Oft werden an den Eisen auch noch Seitenklappen angebracht.

Zum Beschlagen der Klauen verwendet man 3 Arten von Eisen.

1. **Das gewöhnliche Klauen- oder Federeisen,** Vorder- und Hintereisen sind meist nicht in besonderer Form.

Es besteht aus einer 4—5 mm dicken Eisenplatte, welche die Form der Bodenfläche der Klauen hat (Abb. 86a u. b). Am inneren Rande sind die Eisen etwas dünner, am äußeren Rande befinden sich 4—6 **flach sitzende** Nagellöcher. Vorn sind am inneren Rande eine oder zwei messerförmige Federn, die nach außen die Klaue umfassen. In bergiger Gegend sind die sog. Bergsteiger in Gebrauch.

Für den Winter werden auch kleine H-Stollen gebraucht.

2. Das hufeisenförmige Klaueneisen. Es ist dem Hufeisen für Pferde ähnlich, an den Schenkelenden viel breiter und verhindert das Auseinanderweichen der Klauen. Man braucht es, wenn die Tiere viel auf unebenen Wegen arbeiten müssen (Abb. 87).

3. Das Ochseneisen nach Zehetbauer in Wilhelmsburg (Nieder-Österreich).

Es hat keine Feder, unten steht ein Rand vor. Vorder- und Hintereisen sind getrennt. Es sind Nummern vorhanden.

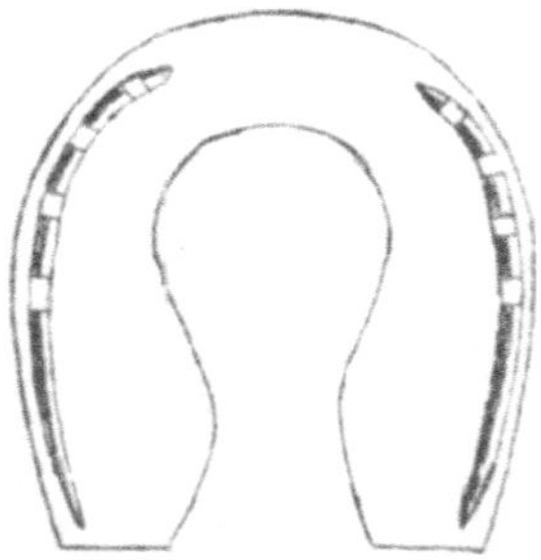

Abb. 87. Hufeisenförmiges Klaueneisen.

Letztere Eisen sind ausschließlich Fabrikeisen und sehr brauchbar. Ein Nachteil ist, daß stets viele Größennummern vorrätig zu halten sind, da die Eisen nicht kleiner gemacht werden können.

Die Eisen werden meist kalt aufgepaßt und dürfen die Bodenfläche des Hufes nicht überragen. Da **die Wand nur dünn** ist, dürfen die Nägel **nicht hoch** geschlagen werden. Zur Befestigung werden 4—5 kurze Nägel verwandt. Das Aufheben der Füße ist schwierig, man muß oft Zwangsmittel anwenden.

Um das Stoßen mit den Hörnern zu vermeiden, bindet man das zu beschlagende Tier mit einem Seil, das um die Hörner geschlungen ist, kurz an die Wand.

Zum Aufheben der Vorderfüße legt man ein Seil um den Fessel, zieht dasselbe über den Widerrist und läßt es auf der anderen Seite halten.

Den Hinterfuß beschlägt man am besten durch Anlegen eines Baumes an die Beugeseite des Sprunggelenkes und Hochheben durch zwei Mann.

Sechster Abschnitt.

1. Die Haftpflicht der Hufschmiede.

Nach dem Bürgerlichen Gesetzbuch geht der Schmied durch die Übernahme des Beschlages einen sog. Werkvertrag ein. Durch diesen Vertrag ist der Schmied verpflichtet, den Beschlag so herzustellen, daß er die zugesicherten Eigenschaften hat und nicht mit Fehlern behaftet ist, die den Wert und die Tauglichkeit des Tieres aufheben oder mindern.

Der Hufschmied haftet also für die beim **Beschlagen** entstandenen Schäden, welche er verschuldet **hat.**

Schuld trifft den Schmied, wenn er bei Ausübung seines Handwerkes die im Verkehr erforderliche Sorgfalt außer acht läßt; er hat dann fahrlässig gehandelt.

Der Meister haftet auch hier für die Fahrlässigkeiten seines gesetzlichen Vertreters, sowie seiner Gesellen und Lehrlinge.

Keinen Schadenersatz hat der Schmied zu leisten, wenn der Schaden infolge eines unglücklichen Zufalls entstanden ist, der vom Meister selbst oder vom Gesellen weder vorausgesehen noch abgewendet werden konnte.

Der Schmied haftet auch für den Schaden, den ein Tier anrichtet, welches er zum Beschlagen und für welches er auch die Aufsicht in der Schmiede durch Vertrag übernommen hat, falls die im Verkehr erforderliche Sorgfalt nicht beobachtet wurde.

Übernimmt der Schmied den Beschlag eines Pferdes, so verpflichtet er sich, die Hufe sachgemäß zuzubereiten und die Eisen der Hufform entsprechend zu richten und aufzunageln. Das Pferd darf durch den Beschlag nicht dienstunbrauchbar werden.

Der ausgeführte Hufbeschlag soll keine erheblichen Fehler haben; ist derselbe mit solchen behaftet, so muß der Schmiedemeister unentgeltlich diese Fehler beseitigen und für den verurachten Schaden aufkommen.

Unerhebliche Fehler, die den Gebrauch des Pferdes nicht hindern, bedürfen nicht der Abstellung.

Haftpflichtig ist der Schmied:

1. Für Beschädigungen der Tiere in- und außerhalb der Beschlagschmiede, wenn hier fehlerhafte Beschaffenheit der Arbeitsräume vorliegt.

2. Für Beschädigungen durch unzweckmäßiges Aufhalten der Pferde, rohe Behandlung und unerlaubte Zwangsmittel (s. Teil II, S. 61—63).

3. Für Kunstfehler bei Ausführung des Hufbeschlages:

a) Bei Abnahme der Hufeisen (Abreißen von Stücken der Hornwand, Quetschung der Sohle).

b) Beim Herrichten des Hufes (zu starkes Ausschneiden der Sohle, der Eckstreben und des Strahls, Durchschneiden und Durchbrennen, zu tiefes Ausschneiden der Steingallen).

c) Beim Aufnageln des Eisens.

Haftpflichtig ist der Schmied, wenn die Ursache der Vernagelung zu suchen ist: in zu tief gelochten oder zu eng gerichteten Eisen; in zu starkem Beraspeln der Hornwand von oben; in zu tiefem Ansetzen des Hufnagels; in verkehrt angesetzter Zwicke. Ferner, wenn der Nagel bei gesunder normaler Hornwand zu hoch geschlagen oder ein zweiter Nagel eingeschlagen wird, wo schon vorher ein anderer gebrannt hat.

Nicht haftpflichtig ist der Schmied bei großer Unruhe und Widersetzlichkeit des Pferdes während des Beschlages; bei sehr dünnen, ausgebrochenen Wänden, bei bröckliger und mürber Beschaffenheit des Hufhorns, bei ausgedehnter loser Wand.

4. Wenn er bei Verletzungen, die sich die Pferde beim Beschlagen zugezogen haben, nicht sachgemäß die Wunden reinigt oder dieselben dem Besitzer verheimlicht.

Jedem Schmiedemeister ist der Abschluß einer Haftpflichtversicherung dringend zu empfehlen.

2. Die Buchführung.

Nach dem Handelsgesetzbuch ist der Handwerker, wenn er selbst im Geschäfte mitarbeitet und nur wenige Gesellen hält, nicht zur Buchführung verpflichtet.

Um aber eine gute Übersicht über Gewinn und Verlust des Geschäftes zu haben, ferner der Steuereinschätzung und der auszuschreibenden Rechnungen wegen, ist es jedem Schmied dringend anzuraten, sich frühzeitig an eine regelmäßige Buchführung zu gewöhnen.

Folgende Bücher sind zweckmäßig:

1. Ein Tagebuch.

In dieses sind täglich sämtliche gefertigte und abgelieferte Waren einzutragen mit Preisangaben und Notizen über „bezahlt“ oder „nicht bezahlt“.

2. Ein Bestellbuch.

Dieses enthält alle Bestellungen, die gemacht sind an Kohlen, Hufstab, Eisen, Nägeln usw.

3. Ein Kontobuch.

Darin werden alle ausgeführten Arbeiten eingetragen.

Die einzelnen Kunden werden nach dem Alphabet aufgeführt in „Barzahler“ und „Schuldner“.

4. Ein Bilanzbuch.

Aus diesem muß hervorgehen, wie viel Ausgaben, wie viel Einnahmen gewesen sind und wie groß der Überschuß ist.

5. Ein Inventarbuch.

Darin ist der Wert der Grundstücke, des Schmiedegerätes, der Vorrat der Kohlen und des Eisens usw. einzutragen.

Am Ende eines Jahres wird die Inventur neu aufgenommen.

Sachverzeichnis.

Druck der Universitätsdruckerei H. Stürtz A. G., Würzburg.

GPSR Compliance

The European Union's (EU) General Product Safety Regulation (GPSR) is a set of rules that requires consumer products to be safe and our obligations to ensure this.

If you have any concerns about our products, you can contact us on ProductSafety@springernature.com

In case Publisher is established outside the EU, the EU authorized representative is:

Springer Nature Customer Service Center GmbH
Europaplatz 3
69115 Heidelberg, Germany

Batch number: 10682439

Printed by Printforce, the Netherlands